厦门大学本科教材资助项目

海洋生物学专业英语

Special English for Marine Biology

王桂忠 吴荔生 李少菁 编

厦门大学出版社 XIAMEN UNIVERSITY PRESS 国家一级出版社 全国百佳图书出版单位

图书在版编目（CIP）数据

海洋生物学专业英语 / 王桂忠，吴荔生，李少菁编
. -- 2 版. -- 厦门 ：厦门大学出版社，2017.8(2023.7 重印)
ISBN 978-7-5615-6413-4

Ⅰ. ①海… Ⅱ. ①王… ②吴… ③李… Ⅲ. ①海洋生物学－英语－高等学校－教材 Ⅳ. ①Q178.53

中国版本图书馆CIP数据核字(2017)第220704号

出 版 人　郑文礼
责任编辑　陈进才
封面设计　李夏凌
技术编辑　许克华

出版发行　厦门大学出版社
社　　址　厦门市软件园二期望海路 39 号
邮政编码　361008
总　　机　0592-2181111　0592-2181406(传真)
营销中心　0592-2184458　0592-2181365
网　　址　http://www.xmupress.com
邮　　箱　xmup@xmupress.com
印　　刷　厦门集大印刷有限公司

开本　720 mm×1 000 mm　1/16
印张　10.75
插页　20
字数　276 千字
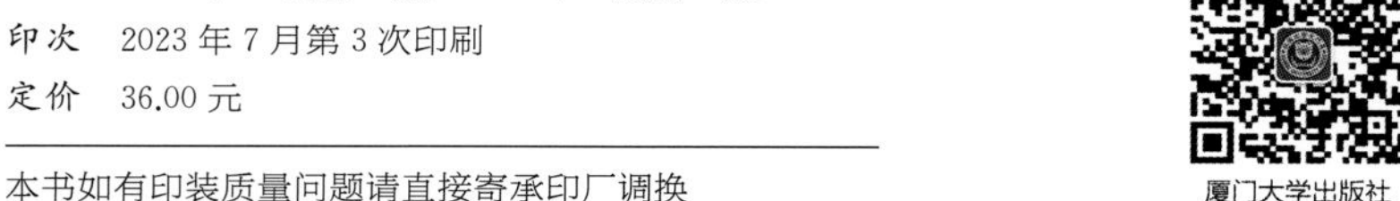
版次　2011 年 11 月第 1 版　2017 年 8 月第 2 版
印次　2023 年 7 月第 3 次印刷
定价　36.00 元

本书如有印装质量问题请直接寄承印厂调换

引　言

作者在多年的海洋生物学专业英语教学实践中编辑了一册《海洋生物学专业英语》教材，为方便学生的学习，经多次修改，形成此书。

海洋生物学专业英语在英语教学中是属于ESP这个大的范畴。所谓ESP，即：English for Special Purposes（专用英语）。ESP教学在国外很早就付诸实施，近期又有了比较快的进展，出版的有关ESP教材已有数百种之多。这些都是为某些专门领域而设计的教材。我国海洋生物学专业英语的教学起步比较迟，但是它的重要性却不断地被重视。比如：现在研究生（包括硕士研究生、博士研究生）的入学复试是要求要了解应试者的专业外语水平，有些专业课被要求尽量要做到能够进行双语教学。这是因为海洋生物学专业英语有它的特殊性，它的基本特点表现在如下几个方面：

1. 海洋生物学专业文献内容涉及到海洋学、生物学两大学科，内涵丰富。据不完全统计，目前世界上用英语发表的有关海洋生物学方面的学术刊物有3 500余种。由于它们是科技文献，专业性比较强，内容不容易理解。文章中常出现一些长句，并常穿插有较多的公式、数字、图表等。这些使得海洋生物学专业英语在翻译上就有了特殊的要求。

2. 在阅读海洋生物学专业英语文章的时候，常常会遇到许多拉丁文生物学名、缩略语、数字、符号、公式、方程式和化学反应式等，如何正确读出这些内容，形成了海洋生物学专业英语在读的方面的特殊内容。

3. 在海洋生物学专业英语文献中所碰到的专业词汇，有许多是由拉丁语或希腊语演变过来的。这些词汇专业性很强，很偏僻，在一般词典中找不到它的释义和读音，而且词汇都很长，不易记忆。有些我们平时很熟悉的词汇，在专业文献中却另有意义。同时，随着科学和技术的不断发展，新词和新的词组不断地被创造。所有这些形成了专业词汇在读、记和理解方面的独特内容。

海洋生物学专业英语的教学就是在学生掌握了公共英语和普通海洋生物学的基础之后，讲授上述这些与本专业有关的英语内容。培养学生具有阅读和翻译本专业英语文献以及熟练运用专业英语的能力。

本书分两个部分：第一部分是“海洋生物学专业英语基础知识”，第二部分是“阅读与理解”。“阅读与理解”部分侧重专业词汇的注释和构词规则的介绍。

限于作者的水平，书中定有缺点和错漏之处，期盼得到读者和专家的批评指正。

作　者

2017 年 7 月

目　录

第一篇

海洋生物学专业英语基础知识

第一章　拉丁文生物学名简介

一、拉丁文单词的发音

在海洋生物学专业英语和专业文献中，经常会碰到许多海洋生物的学名，这些学名是拉丁文，必须按照拉丁文单词的发音规则来拼读。拉丁文生物学名通常都很长，熟练地掌握拉丁文单词的发音规则，有助于记忆这些学名。为此，对拉丁文单词的发音规则作如下简单的介绍。

(一)拉丁文的语音

1. 拉丁文字母的名称与发音

拉丁文字母共 26 个，其名称与发音见表 1-1。

表 1-1　拉丁文字母的名称和发音

印刷体		名称	发音
大写	小写	国际音标	国际音标
A	a	[a]	[a]
B	b	[be]	[b]
C	c	[tse]	[k]或[ts]
D	d	[de]	[d]
E	e	[e]	[e]
F	f	[ef]	[f]
G	g	[ge]	[g]
H	h	[ha]	[h]
I	i	[i]	[i]
J	j	['jota]	[j]
K	k	[ka]	[k]
L	l	[el]	[l]

续表

印刷体		名称	发音
大写	小写	国际音标	国际音标
M	m	[em]	[m]
N	n	[en]	[n]
O	o	[o]	[o]
P	p	[pe]	[p]
Q	q	[ku]	[k]
R	r	[er]	[r]
S	s	[es]	[s]
T	t	[te]	[t]
U	u	[u]	[u]
V	v	[ve]	[v]
W	w	['dubl-ve]	[w]
X	x	[iks]	[ks]
Y	y	['ipsi'lon]或[i'grek]	[i]
Z	z	['zeta]	[z]

注：

(1)字母 j 是文艺复兴时代德国学者为使发音更加明确起见而加进来的。

(2)字母 i 为元音，j 为辅音，发音相同。在不采用字母 j 的拉丁文书中，i 作为元音，同时亦作为辅音。

(3)字母 w 为现代西欧各国语文字母之一，本非拉丁文字母。因拉丁文生物学名常需包含现代学者姓氏或地名，故此字母亦列于拉丁字母表中。字母 w 和 u 发相同的音。

(4)字母 v 和 u 本无区别，近代始有区别。v 视为辅音，u 视为元音。

(5)字母 q 的后面经常有 u，一起连用。

2. 元音与辅音

(1)元音：元音分为单元音和双元音。

①单元音：a，e，i，o，u，y 等六个。单元音的发音见表 1-1。单元音有长短之分，长音在字母上加上长音符号“-”，短元音加短音符号“˘”，如：[ē]，[ĕ]。长音比短音长度加倍。

②双元音：ae，au，eu，oe 等四个。双元音都是长音，发音如下：ae 和 oe

读[ē],au 读[au],eu 读[eu]。

(2) 辅音:辅音也分为单辅音和双辅音。

①单辅音:除六个单元音字母之外,其余二十个字母都是单辅音。

②双辅音:ch,ph,rh 和 th 等共四个。

发音如下:ch 读[h],ph 读[f],rh 读[r],th 读[t]。

(3)半元音:严格地讲,字母 w 和 j 是属于半元音。

因为:它们都与元音发的音相同——辅音字母 w 和元音字母 u 发音相同;辅音字母 j 和元音字母 i 发音相同。

(二)拼音的方法和音节的划分

1.拼音方法

要知道一个词如何读有四步:(1)划分音节;(2)标出单词中每一个字母在该单词中读音的音标;(3)找出重读音节;(4)拼读。拉丁文字母在单词中应该怎么发音基本上已在"拉丁文字母的名称和发音"中介绍了。拉丁文单词的拼音方法与英语单词的拼音方法基本相同。下面介绍音节的划分。

2.拉丁文单词音节的基本情况

拉丁文单词音节的划分也与英语基本相同。即:以元音为音节的主体。一个词中有几个元音就有几个音节,但 ae,au,eu,oe 等双元音只能构成一个音节。元音可以单独构成音节,也可以与一个或几个辅音配合,共同构成音节。单词的音节有多少之别。如:

(1)单音节词:lae,flos。

(2)双音节词:ze-a,fi-cus,a-qua。

(3)多音节词:ho-mo-neu-ra,po-ly-an-gi-um。

3.划分音节的基本规则

(1)两个元音之间只有一个辅音时,该辅音和后一元音划在一起,如:a-pus。

(2)两个元音之间,如果有两个辅音时,这两个辅音分别划归前后音节,如:Al-li-um,nor-sus。

(3)两个元音之间如果有三个或三个以上的辅音时,只把最后一个辅音和后一个元音划在一起,其余的辅音都归到前一个元音,如:func-ti-o。

(4)下列字母组合永远划在一起,划分音节时不可分开:

①双辅音:ch,ph,rh,th

如:sac-cha-rum,phi-lo-so-phi-a,he-li-an-thus

②双元音:ae,au,eu,oe

如:aes-tas,a-moe-bo-bac-ter,cau-lis,ho-mo-neu-ra。

③ qu,gn,gu 当成一个辅音看待。

如:quis-qua-lis,lin-gua,vi-gna。

④ b,c,d,p,t 之一(在前)与 l,r 之一(在后)结合在一起时,不可拆开。

如:men-bra-na,e-phe-dra。

(三)个别辅音字母的发音规则

拉丁文字母在构成单词时应发什么音,基本上都在表 1-1 中列出来了。这是指的一般情况,但也有个别例外的。下面介绍例外的个别辅音字母的发音规则。

1. 字母 C

C 发[k]或[ts]音

(1)在单元音 a,o,u 和双元音 au 前发[k]音,如:

cauda,cocos,coccus。

(2)在辅音前发[k]音,如:

octo,fructus,coccus。

(3)在词尾发[k]音,如:

lac。

(4)在单元音 e,i,y 和双元音 ae,oe,eu 前发[ts]音,如:

caecus,cella,citrus,cypreus。

2. 字母 Q

Q 发[k]音,但在拉丁文的单词中它后面永远跟有元音 u,这两个字母合在一起发[ku]音,当成一个辅音来看待,而不看做一个音节。如:

aqua,quinque。

3. 字母 S

(1) S 一般发[s]音。如:sol,semen。

(2) S 如介于两个元音之间或介于一个元音与一个辅音 m 或 n 之间则发[z],如:rosa,plasma,ansa。

4. 字母 T

(1)T 一般发[t]的音,如:torus,triticum。

(2)当 ti 连在一起而后面跟有元音字母时,t 发[ts]音,如:natio,otium。

(3)但当 ti 前的字母是辅音 s 和 x 时,即使 ti 后面跟有元音,t 照常发[t]的音,如:ostium,mixtio。

5. 字母 G

(1) G 在一般情况下发[g]音,如:galea,gutta。

(2)但 G 在单元音 e,i,y 和双元音 ae,oe 前发[ʤ]音,如:gypsum,genus。

(四)重音规则

拉丁文单词重音一般在倒数第二个音节上。如果倒数第二个音节是短音(即短的单元音),重音就移在倒数第三个音节上。那么如何判断倒数第二个音节是长音、还是短音呢?下面介绍长短音规则。

(五)长短音规则

在拉丁文词典中每个单词的元音都标有长短音符,但是因为拉丁文单词的重音是根据倒数第二个音节的元音是长音还是短音而落在倒数第二个或第三个音节上,所以我们只要对这个在重音上起决定作用的倒数第二个音节(元音)的长短加以特别注意,就能够把这个词的重音读准确了。至于其他音节的长短,学习生物科学的同志,不是研究拉丁文的,可不必重视。

又因为拉丁文单词的重音一般在倒数第二个音节上,只有当倒数第二个音节是短音时,重音才移到倒数第三个音节上,所以只要对短音的规则加以注意就可以了。短音的规则如下:

(1)元音之前元音为短音。

如:viscĭa,Bremĭa。

(2) h 前的元音为短音。

如:manĭhot。

(3)在双辅音 ch,rh,th,ph 前的元音为短音。

如:arăchis,leptŏthrix。

(4)一个元音后跟有两个辅音,前一辅音为 b、c、d、p、t 之一,后一辅音为 l 或 r 之一,在这种特定的组合情形下,该元音为短音。

如:Vertĕbra,quadrŭplex。

(5)下列各词尾其倒数第二个音节为短音:

erus	philoxĕrus
era	cholĕra
erum	pachytĕrum
icus	indĭcus
ica	brassĭca
icum	capsĭcum
idus	frigĭdus
ida	candĭda
idum	frigĭdum
ilis	notabĭlis
ile	duradĭle
iter	levĭter
olus	phaseŏlus
ola	viŏla
olum	rubeŏlum
ulus	platystipŭlus
ula	filipendŭla
ulum	foenicŭlum

以上是拉丁文单词的发音规则,我们只是作了很简单的介绍。虽然内容不是很多,但只要我们熟练地掌握这些规则,就能够把拉丁文单词读准,同时还能帮助我们记忆拉丁文单词。

下面两列单词是拉丁文单词,供练习之用。请划分下列各词的音节,写出各词的音标,根据规则确定其倒数第二音节之长短,然后标上重音:

mamalia	anglicus
coralium	lubricus
crataegus	nipponicus
nuptialis	decemfidus
arvalis	pensilis
molluscus	mutabilis
diphylus	arcticus
marginalis	labiatus

melaleucus	azotobacter
auriformis	salmonella
vicinus	siderocapsa
chinensis	achromatium
scutatus	fumosus
anoplura	penicillim
cronartium	taphrina
septoria	folium
venturia	homoneura
claviconia	fatuus
reptilia	monostichus
quisqualis	fertilis
occidentalis	interifolius
lignosus	tropicus
aristosus	mundulus
hexaedrus	fluvialis
pennatus	burella
marinus	mycoderma
saxosus	nadsonia
felinus	clonothrix
micrococcus	borrlia
piscinalis	monilia
polyangium	uncinula
hidrophilidae	allium
phragmidium	auricularis
myriangium	gryllidae
lepidoptera	

二、拉丁文生物学名中若干常见的书写形式

(一)生物学名中常见的缩写字

1. 三名制中的缩写

subsp. 或 ssp. = sub species 亚种

var. = varietas 变种

mut. = mutatio 偶然变种

f. = forma 变型，品系

如果要表示一个生物种的亚种、变种、偶然变种和品系，就是在属名和种名后再附上该亚种、变种和偶然变种的名字。这种双名制的补充就是所谓三名制。在植物学名的第二词和第三词之间一般夹有上述缩写符号之一。而动物学名的亚种通常省略，此时第三词应理解为亚种。如：

Coscinodiscus denarius A. Schmidt var. *sinensis* Meister 银币圆筛藻中国变种；

Syphonota geographica scripta 书纹管海兔；

Nitzschia closterium f. *minutissima* 小新月菱形藻（是新月菱形藻 *Nitzschia closterium* 下的一个品系）。

2. 其他常用的缩写字

(1) sp. = species 种

当我们对于一个生物物种不能确定时，我们就在该种所属属名之后写出 sp. 字样。如：*Balanus* sp. 藤壶。

而属名之后出现的 spp. 的字样则表示该属中至少有两个以上的生物我们尚不能确定其种名。如：*Mytilus* spp.（几种）贻贝。

(2) n. sp. 或 nov. sp. = nova species 新种；

sp. n. 或 sp. nov. = species nova 新种。如：

多管十盘水母　新种：*Staurodiscus multicanalis* n. sp.

漂浮十盘水母　新种：*Staurodiscus neustona* n. sp.

n. g. 或 nov. g. = nova genum 新属；

g. n. 或 g. nov. = genum nova 新属。如：

四管水母属，新属：*Tetracannoides* gen. nov.

(3) p. p. = pro parte（前置词短语）

意思是"作为……一部分"。它也是出现在学名中，此短语用于甲属为乙属之一部分时，如：*Juncellus* C. B. Cl. = *Cyperus* p. p.。

这就是说 *Juncellus* 属是 *Cyperus* 属的一部分。而 C. B. Cl. 是英国学者 C. B. Clarke。

(4) indet. = indeterminata 属或种不能鉴定。

3. 命名者姓名的缩写

在写生物的拉丁文学名的时候，有时需要写出该拉丁文生物学名的命名者的姓或姓名。比如:*Coscinodiscus denarius* A. Schmidt var. *sinensis* Meister(银币圆筛藻中国变种),其中“*Coscinodiscus*”、“*denarius*”和“*sinensis*”分别为该生物的属名、种名和变种名,是用拉丁词写的,同时要求要用斜体。而“A. Schmidt”和“Meister”则分别是种的命名人的姓名和变种命名人的姓,它们不是拉丁词。在拉丁文生物学名中,命名者的姓名一般是要加以缩写的。但因命名者的国籍不同,其姓名的文字也不同,所以其缩写方法无严格规律。大致有以下5种情况(一般只写姓不写名):

(1)单音节的姓不需缩写,如:

Nees(即C. G. Nees),Pax(即:F. Pax),它们出现在拉丁文学名中的形式如下:

属名 种名 Nees;属名 种名 Pax。

(2)两个或两个以上音节的姓常分别缩写到第二音节或第三音节的元音之前,如:用Stev.代Ch. Steven;用Underm.代L. M. Underwood,它们出现在拉丁文学名中的形式如下:

属名 种名 Stev.;属名 种名 Underw.。

(3)特别著名的学者的姓可缩写成一或两个字母,如:用L.代Linne;用R. Br.代Robert Brown,它们出现在学名中的形式如下:

属名 种名 L.;属名 种名 Br.。

注:一般是缩写成前面一个字母,缩写成两个字母的多是前面有两个辅音字母的姓。

(4)如命名者是著名学者的子女,则在其姓氏后面加“f.”(filius拉丁词是“儿子”的意思),或“fil.”(filia拉丁词是“女儿”的意思)用以区别该著名学者。如:大学者林奈缩写为L.或Linn.它的儿子则缩写为Linn. f.。

(5)学者的名一般略去不写。若同姓的学者不只一人时,则把名的第一个字母写出(遇到必要时亦可按姓的缩写的方法缩写为前数个字母)列于姓前或姓后。如:Arthur Meyer缩写为Arth. Mey.或Mey. Arth.,A. Mey.或Mey. A.。

(二)生物学名中的连接词和前置词

在一个生物学名中常会遇到下列几个词:

1. 连接词 et

et在学名中经常连接两个学者的姓名。如:*Eriochloa* H. B. et K.表示是两个学者共同对 *Eriochloa* 这个属进行命名的，学者的排名不分先后、没有主次之分。

注：H. B. 是 Humboldt 的缩写，K 是 Kunth 的缩写。

又如：*Xyrias revulsus* Jordan et Snyder（四列齿鳗）表示是 Jordan 和 Snyder 这两个学者共同对四列齿鳗这个学名进行命名的，同样，学者的排名不分先后、没有主次之分。

2. 前置词 ex，in，apud（缩写为 ap.）

一个生物物种虽为甲学者所命名，但未公诸报刊，该学名后为乙学者代为公开发表时，则应在甲乙学者之间夹上上述前置词之一，以表明名次先后的区别。如：

Carex rexta Boott. in Hooker

Carex contigua Hoppe ap. Surm

Juncus acutifloru Ehrhart ex Hoffmann

（三）生物学名中的圆括弧

对于一个原已命名的物种，后人的研究发现它不应该是属于甲属，而应属于乙属。这时，把属名改成乙属，原种名保留，同时原命名者的姓名用圆括弧括起，放在乙属命名者的姓名之前。如：

Echinochloa crusgallis (L.) Beauv.

该物种 Linne 原命名为 *Panicum crusgallis*，因此原学名写为：*Panicum crusgallis* L.。后法国学者 P. de Beauvois 将其移到 *Echinochloa* 属，因此后来的学名写为：*Echinochloa crusgallis* (L.) Beauv.。

（四）生物分类学上各主要等级的拉丁文学名的词尾变化

生物分类学上各主要等级是指：门、纲、目、科、属、种，和它们的亚单位：亚门、亚纲、亚目、亚科、亚属、亚种。在这些分类单位中，有些分类单位其学名的词尾变化是有规律的，兹介绍如下：

1. 科名和亚科名

（1）科名　科名为希腊词或拉丁词。

在植物方面是以其所含主要属名的词干为词干加词尾-aceae 构成的。如：

Coscinodiscus　　圆筛藻属

Coscinodiscaceae　　圆筛藻科

在动物方面也是以其所含主要属名的词干为词干加词尾-idae 构成的。如：

Mysis　　糠虾属

Mysidae　　糠虾科

(2)亚科名　亚科名亦为希腊词或拉丁词。

在植物方面是以其所含主要属名的词干为词干加词尾-oideae 构成的。如：

Coscinodiscus　　圆筛藻属

Coscinodiscoideae　　圆筛藻亚科

在动物方面其词尾为-inae。如：

Mysis　　糠虾属

Mysinae　　糠虾亚科

2. 目名和亚目名

(1)目名　目名也是希腊词或拉丁词。

在植物方面是以其所含主要科名的词干为词干加词尾-ales 构成的。如：

Coscinodiscaceae　　圆筛藻科

Coscinodiscales　　圆筛藻目

在动物方面目名无统一词尾。

(2)亚目名　亚目名也是希腊词或拉丁词。

在植物方面是以其所含主要科名的词干为词干加词尾-ineae 构成的。如：

Peridiniaceae 多甲藻科

Peridiniineae 多甲藻亚目

在动物方面亚目名无统一词尾。

第二章　专业英语文献翻译中的若干问题

历来人们所公认的翻译标准为“信、达、雅”，当然这个标准也适用于科技英语的翻译。但由于科技英语往往有其自身的一些特点，所以它的翻译也就有其自身的某些独特要求。兹就海洋生物学专业英语文献翻译中的一些特点分述如下：

一、正确运用直译与意译

所谓“直译”，就是指译文要忠实地保持原文的用词和语法结构的原貌；而“意译”就要求译文应大胆地打破原文在用词和语法结构上的限制，重点在于反映原作的意思和内容，译文要求符合汉语的表达方式和用词习惯。

科技英语的特点是：精细严密，不事藻饰，逻辑性、科学性、专用性强等。因此翻译科技英语文献则尤其强调要忠实地反映出原作的意思和内容，同时要求语言规范，符合本专业的用语习惯。所以翻译科技英语，直译是较难作到的，而应以意译为主。有人估计意译在科技英语翻译中占到70%左右。请看下例：

A relatively easy estimation of the oxygen used in a given case may be obtained by comparing the measured amount of oxygen and the calculated amount for the water, assuming that the water is saturated with oxygen at its given salinity and temperature. This difference is called apparent oxygen utilization.

原文意思是：假定在一定的盐度和温度条件下，水中的氧是饱和的，我们可以理论上计算出水中氧的饱和值。那么要知道在某一特定情况下水中耗氧多少，就可以简单地把理论上计算出来的氧饱和值减去实测的水中含氧量，这二者之间的差就称为表观耗氧量。

像上述这样一段英文，自然应以意译为好。试想，如若用直译，也就是说要保持原文的用词和语法结构的原貌，人们就不一定能够理解出原文的意思。总之在翻译专业英语文献时，应正确地运用直译和意译这两种方法。碰到能直译的句子和段落，自然以直译为好。碰到意思费解难懂，且语法结构又很别扭的句子和段落，译者则应运用专业知识，通过理解消化之后，用符合本专业的语言意译出来。

二、翻译专业英语文献时应该注意词义的选择

在科技文献中，由于学科和专业的不同，往往同一个词在不同的专业中具有不同的词义。还有一些科技词汇是从英语的日常用语中转义而成的，它们的词义与原词义差别很大。所以在翻译专业英语文献时，一定要根据专业内容来选择词义，尤其是名词的词义。如：

The area where the wind is blowing and creating waves is called the fetch[1]. A wave has a crest[2], the high point, and a trough[3], the low point. As the wave moves through the water, the distance between any two like points on any two consecutive waves (crest to crest or trough to trough), is the length of the wave. The waves in the area of the fetch are called seas[4]. After they leave the fetch area, they smooth out and are called swells[5].

A current[6] is water moving one knot or faster. Water moving more slowly than that is often referred to as a drift[7]. Most shore areas have alongshore currents[8] a great deal of the time. There are deep water currents which in general run in the direction opposite to the surface currents and seem to replace water into an area where it has been swept away by surface currents. This kind of current is often called the counter current[9].

【译文】

有持续风吹并产生波浪的海区称为风区。波浪的最高点称为波峰，最低点称为波谷。当波浪在海中穿行时，任何两个相邻波浪上的任意两个相同点(波峰对波峰或波谷对波谷)之间的距离就是这个波浪的长度。风区里的波浪称之为风浪。当风浪离开风区之后，它们平缓下来，这种波浪称之为

涌浪。

水的流速为每小时一海里或更快的称为流(海流)。流速较之慢的称为漂流。大多数沿岸海区在大部分时间里都有沿岸流。深水海流的流向通常与表层海流相反,被表层海流带走的水是由深水海流来补充。这种深水海流通常称为逆流。

【注释】

[1] fetch 通常当动词用,有"(去)拿来","(来)拿去"的意思。如:fetch somebody a dictionary from the library.(替某人)到图书馆去取一本词典来。在海洋学"fetch"当名词用,译为"风区"。

[2] crest 通常的意思是"(鸟、禽的)冠"。On the crest of the wave(成语),在最走运的时候。在海洋学上"crest"的意思是"波峰"。

[3] trough 通常译为"槽"和"水槽"。在海洋学上作"波谷"解释。

[4] sea 通常译为"海"或"海洋"。如:sea bottom 海底;sea animals 海洋动物。在例句中则应译为"风浪"。

[5] swell 通常当动词用,作"膨胀"解释。如:A tire swells as it is filled with air. 打气时轮胎会鼓起来。在海洋学上"swell"则应译为"涌浪"。

[6] current 通常当形容词用,作"流通的,流行的"解释。如:current customs,流行的习惯。在海洋学上"current"当名词用,译为"海流"。

[7] drift 常作为动词使用,译为"漂移","漂浮"。如:As the plankton drift through the water, millions upon millions of predators catch and eat them as fast as they can. 当浮游生物在水中漂浮时,无数的捕食动物尽它们最快的速度捕食之。在海洋学上,drift 当名词用,译为"漂流",如:West Wind Drift 西风漂流。

[8] alongshore current 沿岸流 。

[9] counter current 和 adverse current 同译成"逆流"。counter 通常当名词用,译为"计数器","计算器"。如:Coulter counter,颗粒计数器。例句中 counter 是形容词,译为"相反的"。如:

① counteraction *n.* 反作用。由 counter 和 action(*n.* 作用)构成。

② counterclockwise *adj.* & *adv.* 逆时针方向的(地)。由 counter 和 clockwise【*adj.* & *adv.* 顺时针方向的(地)】构成。

③ countertrade *n.* 反信风。由 counter 和 trade(*n.* 信风)构成。

从这个例子中我们可以看到有许多英语的日常用语被转义成海洋学方面的专有术语。在专业文献中，诸如此类的例子很多。我们只有通过阅读、多查阅有关的专业词典来提高对这类词的选择能力。

三、生物俗名的译法

不同地区的人称同一种生物为不同的名字，这就是生物的俗名(common name)，在翻译生物俗名时，不能根据英文单词直译，而应根据学名(scientific name)来翻译。如：

(1) fiddler 是“小提琴家”的意思，但“fiddler crab”则应译为“招潮蟹”，因为它是属于 *Uca* 属(招潮蟹属)。

(2) spider 是“蜘蛛”的意思，“spider crab”可译为“蜘蛛蟹”，因为它是属于 *Maja* 属(蜘蛛蟹属)。

(3) sand 是“沙”的意思，但“sand crab”则应译为“圆趾蟹”，因为它是属于 *Ovalipes* 属(圆趾蟹属)。

(4) ghost 是“鬼”的意思，但“ghost crab”则应译为“沙蟹”，因为它是属于 *Ocypode* 属(沙蟹属)。

(5) beach 是“海滩”的意思，但“beach crab”则应译为“蟛蜞”，因为它是属于 *Sesarma* 属(相手蟹属)。

(6) shore 是“岸”的意思，但“shore crab”则应译为方蟹，因为它是属于 *Grapsus* 属(方蟹属)。

以上的例子说明，在翻译生物俗名时，不能根据俗名中的英文直译。而应根据它的学名来翻译。在专业英语文献中，第一次出现生物俗名时，一般它的后面都会给出它所属的学名，这时我们就可根据这些学名来翻译。但如果一时查不出某些拉丁文生物学名相应的中文名字时，这时则只要指出其所属的类别就行了。如：

A few types that can withstand wave impact in a sandy area are the mole crabs (*Emerita* spp.), pismo clams (*Tivela* spp.), surf grasses (*Phyllospadix* spp.) and bean clams (*Donax* spp.).

这个句子中提到的几种生物，除了 *Donax* 和 *Phyllospadix* 这两个学名我们知道其相应的中文名字分别是“斧蛤属”和“虾海藻属”之外，我们尚不知道其他几个学名相应的中文名字，这时我们可以这样翻译：

在多沙区域中能够忍受波浪冲击的生物是 *Emerita* 属中的几种蟹，*Tivela* 属中的几种蛤，虾海藻属中的几种水草以及几种斧蛤。

注：*Emerita* spp.，*Tivela* spp.，*Phyllospadix* spp. 和 *Donax* spp. 中的"spp."是表示"种"的复数。

四、拉丁文生物学名的翻译

大致来说，拉丁文生物学名的翻译有如下几种情况：

(1)根据拉丁文的词义来翻译。

如：

Arthropoda，它是由 arthro-(中文意思：节)和 -poda(中文意思：具有足或多足的动物)这两部份构成的，所以它被译为"节肢动物门"。

Polychaeta，它是由 poly-(中文意思：多，聚合的)和 -chaeta(中文意思：具有刚毛的动物)这两部份构成的，所以它被译为"多毛纲"。

Brachyura，它是由 brachy-(中文意思：短的)和-ura(中文意思：有尾者)这两部份构成的，所以它被译为"短尾亚目"。

诸如此类的生物学名，我们可以通过学习拉丁文的构词法来帮助我们记忆它们的中文名字。

(2)有些生物是用希腊神话中的人物来命名的，这些学名中的拉丁文没有任何词义，仅是神话中的人物名字。像这样的生物学名，则是根据神话故事情节来翻译的。除了生物学名之外，生物学科中的许多名称和术语也都是以希腊神话中的人物来命名或由他们的名字派生出来的。

如：

Proteus 现在表示变形菌属(是变形虫属 *Amoeba* 的旧名)。根据希腊神话。Proteus 是一个能预言将来并能千变万化的老翁。他是大海神 Poseidon 的一个下属，职责是给他放牧海豹。Proteus 住在离埃及尼罗河一日路程的 Pharos 岛上。每当日中的时候他就从海里游出来，睡在岸边岩石的阴影里，成群的海豹卧在他的四周。谁要想从他那里预知自己的未来，就必须在这个时候把他捉住。当他被人家捉住时，他就随意改变自己的形状，以逃避预言的麻烦。但是当他发现自己努力无济于事的时候，他只得恢复自己的本来面目，以实相告。由于 Proteus 能随意改变自己的形状，所以就把 Proteus 作为"变形虫属"的学名。

又如：

hermaphroditus，两性体，两性动物。这是生物学中的一个术语。根据希腊神话，Hermaphroditus 是神的使者 Hermes 和爱神 Aphrodite 的儿子。Salamis 山上的一位仙女 Nympha 爱上了这位具有双亲之美的翩翩少年。她虽然用尽心机，但始终得不到他的垂青。一天她乘他在泉水里洗澡时，她突然地搂住他，并虔诚地向神祈祷让他们两个永远地结合在一起。神为她的至诚所感动，满足了她的愿望，从此这一对少男少女就融为一体，但双方仍保留着各自的性别。根据这个故事，生物学上就付于 hermaphroditus 以“两性体，两性动物”的意义。英语 hermaphroditism（雌雄同体）也是由此派生出来的。

（3）有些拉丁文生物学名则要避开该拉丁文词义或神话的情节，根据生物的特点或形态特征来翻译。

如：

Dorippe，拉丁文的意思是：“好战的”，但在中文学名应译为“关公蟹属”。这是因为这类蟹壳面花纹酷似我国三国演义中关羽的面谱，故而得名。

Portunidae，是神话中一位港口神，但该词则被译为“梭子蟹科”。这是因为这类蟹的体形酷似古代妇女织布用的梭子，因而得名。

（4）有些生物是为纪念某位学者而以其名来命名的，像这类生物学名则应译为“……氏……（生物）”。

如：

Neisseria 是纪念 L. S. Neisser，所以译为“奈氏球菌属”。

Brucella 是纪念 David Bruce，所以译为“布鲁氏杆菌属”。

第三章　专业英语在读方面的若干问题

这一章主要介绍专业文献在读方面的一些内容。第一章介绍的拉丁文生物学名的读法，实际上就是海洋生物学专业英语中在读方面的一个特殊内容。下面再介绍三个方面的内容。

一、专业文献中的数字、数学符号及数学式子的读法

(一)分数的读法

英语分数是以基数词和序数词合成的。基数词代表分子，序数词代表分母。除分子是1的分数外，序数词一般都要读成复数。如：

$\frac{1}{3}$读成：one third.

$4\frac{1}{4}$读成：four and one fourth 或 four and a quarter.

$3\frac{5}{12}$读成：three and five twelfths.

另外，在数学中，分数往往有其特殊的读法。如：

$\frac{2}{3}$读成：two over three.

(二)小数、百分数和千分数的读法

(1)读小数时应注意：

①小数点读成 point。

②小数点前的整数读基数词，也可将每个数字按位分开读。一般读法是：二位数以内可合读一个基数词，三位数以上的，多按每个数分开读。

③小数点后的小数部分，均采取每个数字分开读的方法。如：

0.3 读成：point three 或 O[əu] point three.

6.12 读成：six point one two.

10.36 读成：ten point three six.

541.87 读成：five four one point eight seven.

(2)读百分数时，只要在基数词后加上 per cent 就行。如：

22%读成：twenty two per cent.

0.5%读成：point five per cent.

4.22%读成：four point two two per cent.

(3)读千分数时，数字部分的读法与百分数的相同，而‰读成 per mille。如：

5‰读成：five per mille.（millesimal 千分之一）

28.5‰读成：twenty eight point five per mille.

(三)数字符号的读法

在专业文献中常出现这样一些数字符号：

≌表示“近似于”或“全同于”，可读成：be congruent with 或 approximately equal.

∽表示“相当于”，可读成：equivalent to.

∞表示“无穷大”，可读成：infinity.

∝表示“正比于”，可读成：varies directly as.

$n!$ 表示“n”的阶乘，可读成：the factorial of n.

$e = 2.7182818285\cdots\cdots$ 表示“自然对数的底”，读成：the base of natural logarithm.

$\log a$ 表示“常用对数”，读成：common logarithm.

$\ln a$ 表示“自然对数”，读成：natural logarithm.

Δy 表示“y 的增量”，读成：the increment of y.

$\mathrm{d}y$ 表示“y 的微分”，读成：the differential of y.

$\sum_{i=1}^{n}$ 表示“n 项的和”，读成：the sum of n terms.

$\prod_{i=1}^{n}$ 表示“n 项的乘积”，读成：the product of n terms.

$|Z|$表示“Z的绝对值”，读成：the absolute value of z.

$>$表示“大于”，读成：greater than.

$<$表示“小于”，读成：less than.

/表示“在……上”，读成：over.

$f(x)$表示“x的函数”，读成：the function of x.

$\overline{\lim}$表示“上极限”，读成：superior limit.

$\underline{\lim}$表示“下极限”，读成：inferior limit.

$\frac{dy}{dx}$表示“y对x的导数”，读成：the derivative of y with respect to x.

$\int f(x)dx$表示“函数$f(x)$对x的积分”，读成：the integral of $f(x)$ with respect to x.

$\int_a^b f(x)dx$表示“函数$f(x)$从a到b的定积分”，读成：the definite integral of $f(x)$ from a to b.

（四）数学算式的读法

专业文献中出现的算式有以下四种情况：

1. 加法

加号（+）可以读成：plus，add，added to，and，increased by 等；等号（=）读成：is(are)，equal(s)，is(are) equal to，make(s)，get(s)，give(s)等；数字读基数词。如：

$4+5=9$，读成：Four plus five equals nine.

$3+6=9$，读成：Three and six is equal to nine.

2. 减法

减号（－）读成：minus，subtracted from，take away，less 等。其他部分的读法与加法相同。如：

$10-7=3$，读成：Ten minus seven equals three.

$9-6=3$，读成：Nine minus six is three.（也可读成：Nine decreased by six is three）

3. 乘法

乘号（×）可读成：times，multiply，multiplied by 等。其他部分的读法

也相同于加法。如：

$6 \times 4 = 24$，读成：Six times four equals twenty four.

或：Six multiply four is equal to twenty four.

或：Six multiplied by four is twenty four.

或：Multiply six by four and the result is twenty four 等。

4. 除法

除号（÷）可读成：divide，divided by 等。其他部分的读法与加法相同。如：

$30 \div 5 = 6$，读成：Thirty divided by five equals six.

或：Divide thirty by five is six.

(五)数学公式的读法

专业英语文献中出现的数学公式很多，现仅介绍一些常见公式的读法：

$4^2 = 16$，读成：Four squared equals sixteen.

$4^3 = 64$，读成：Four cubed equals sixty four.

4^{15}，读成：four to the fifteenth power.

或：four to fifteen.

10^{-5}，读成：ten to minus five.

$\sqrt{16}$，读成：the square root of sixteen.

或：the second root of sixteen.

$\sqrt[3]{27}$，读成：the cube root of twenty seven.

或：the third root of twenty seven.

$y : x^2$，读成：y varies directly as x squared.

或：y is proportional to x squared

$y : \frac{1}{x^2}$，读成：y varies inversely as x squared.

二、专业英语文献中化学分子式和反应式的读法

读化学分子式和反应式时，应记住以下两个规则：

(1)读分子式时，字母部分均按字母名称读出。

(2)化学反应式中的符号“→”读成:yields 或 forms,意思是“生成”,如:

H_2S,读成:[eitʃ tuː es].

H_2CO_3,读成:[eitʃ tuː siː əu θriː].

$CO_2 + H_2O \rightarrow H_2CO_3$,读成:C O two plus H two O yields(或 forms) H two C O three.

三、专业英语文献中缩略词的读法

专业英语文献中出现的缩略词一般都是由某一个组织或某一个专业术语全称中的每一个单词(关键词)的第一个字母组成的,其中多为辅音,但也有元音。其读法有两种;一是按各字母组成的音节来读。如:

UNESCO(United Nations Educational Scientific and Cultural Organization 联合国教科文组织),UNESCO 读成:[juːˈneskəu]。

USE(Undersea Scientific Expedition,海下科学考察),读成:[juːs]。

SCOPE(Scientific Committee on pollution of Environment,环境污染问题科学委员会),读成:[skəup]。

另一种方法是按字母名称来读。如:

IUMS (International Union of Marine Science,国际海洋科学联合会),IUMS 读成:[ˈai juː em ˈes]。

IOI(International Ocean Institute,国际海洋学会),读成:[ˈai əu ˈai]。

第四章 专业英语词汇的基础知识——构词规则

一、外来语词素造词中词素缀合规则

词素是构成词的要素，是语言中最小的包含有意义的单位。从语义的角度来看，它是不能再分的最小的语言结构单位。

用外来语词素构成新词时，两个词素必须借助于一些起缀合作用的字母来联合，这些字母即是中缀，也有把它叫做连接语。如：

Gastropoda 腹足纲（拉丁文学名）

gastropod 腹足类（英语名词）

gastr-（腹侧）＋ -o- ＋ -pod（足、肢），当中的 -o- 是中缀。

连接语可分为连接辅音、连接元音和连接元辅音组合三种。

（一）连接辅音

连接辅音是指字母 -s-，这是从古英语遗留下来的。例如：sportsman（运动员）是由 sport（运动）＋ -s- ＋ man（人）构成的。

（二）连接元音

用两个或两个以上的希腊语和拉丁语词素结合起来而组成的新词，都需要借助连接元音来缀合，连接元音有：-o-，-i-，-e-，-a-，-u-，-ae-，-eo-，-io-等。一般来说：由希腊词素构成的词汇，其连接元音多为 -o-（或 -e-），由拉丁词素构成的词汇，其连接元音多为 -i-。由希腊词素和拉丁词素混合构成的词汇，其连接元音有的是 -o-，有的是 -i-，有的则是 -e-。如：

（1）arthropod（节肢动物）：由希腊词素 arthr-（节、关节）＋ -o- ＋希腊

词素 -pod(足、肢)构成的。

(2) carnivora(肉食动物):由拉丁词素 carn-(肉)+ -i- + 拉丁词素 -vora(吞咽者)构成的。

(3) archetype(原始型):由希腊词素 arch-(原始、起源)+ -e- + 希腊词素 type(型)构成的。

(4) cheliped(螯肢):由希腊词素 chel-(螯、爪)+ -i- +拉丁词素 -ped(足、肢)构成的。

(5) spectrogram(光谱图):由拉丁词素 spectr-(光谱)+ -o- + 希腊词素 -gram(图)构成的。

在用元音字母缀合的词汇中,以 -o- 缀合的词在科技英语词汇中数量最大。其次才是 -i- 和 -e- 。此外还有少量的词汇是由-a-,-u-,-ae-,-eo- 和 -io- 缀合的。如:

(1) spongioblast(成胶质细胞):是由 spong-(海绵)+ -io- + -blast(成……细胞)构成的。

(2) aquastat(水温自动调节器):由 aqu-(水)+ -a- + -stat(稳定器、稳定计)构成的。

不管是由拉丁词素还是希腊词素构成的词汇,只要合成词的第二部分词素是元音开头,就不要用连接元音,直接将两个词素连接在一起就可以。如:

(1) chem-(化学)+ osmosis(渗透作用)构成 chemosmosis(化学渗透作用)。

(2) poly-(多)+ anthus(花)构成 polyanthus(多花植物)。

(3) aut-(自己)+ ecology(生态学)构成 autecology(个体生态学)。

(4) chlor-(氯)+ ethanol(乙醇)构成 chlorethanol(氯乙醇)。

(三)连接元辅音字母组合

有些科技词汇是由一个元音和一个辅音结合在一起来缀合的,这类词汇为数不多。如:

(1)livelihood(生活,生计):是由 live(生活)+ -li- + hood(表示“性质”或“状态”)构成的。

(2)speculation(考察,推测):是由 spec-(特别)+ -ul- + -ation(表示“动作”或“过程”)构成的。

(3)subsystem(亚系统):是由 sub-(亚)+ -sy- + stem(主干)构成的。

二、拉丁语或希腊语转化为英语的一般规律

前面已经说过,拉丁语和希腊语对英语词汇的产生具有强烈的影响,科技专业词汇更是如此。有许多科技专业词汇是沿用拉丁语和希腊语或由拉丁语和希腊语转化而成的。它们的读音、拼写以及名词的复数变化都受原语种的影响。

(一)名词的转化

名词的转化有如下五种情况:

(1)英语单词与拉丁词或希腊词完全相同(即直接沿用)。

如:

拉	英	
aorta	aorta	主动脉
phylum	phylum	门(分类单位)
epidermis	epidermis	表皮

(2)去掉拉丁词或希腊词的词尾 -a(阴性)、-us(阳性)、-um(中性),就成为英语的名词。

如:

拉	英	
chlorophyllum	chlorophyll	叶绿素
adultus	adult	成体
Copepoda(桡足亚纲)	copepod	桡足类

(3)把拉丁文生物学名的词尾改为“-oid”,并将第一个大写的字母改为小写,即为这一类生物的英语名词。

如:

拉	英	
Navicula 舟形藻属	naviculoid	舟形藻
Fucales 墨角藻目	fucoid	墨角藻

(4)将拉丁词或希腊词的词尾 -a(阴性)、-us(阳性)、-um(中性)改为英语不发音的"e",就成为英语的名词。

如:

拉	英	
temperatura	temperature	温度
nervus	nerve	神经
glucosum	glucose	葡萄糖
Polychaeta 多毛纲	polychaete	多毛类动物
Ctenophora 栉水母动物门	ctenophore	栉水母
Siphonophora 管水母目	siphonophore	管水母

(5)将拉丁词或希腊词的词尾"-as"改为"-ate"或"-ite",就成了英语的名词,这一点多在化学名词中使用。

如:

拉	英	英
sulfas	sulfate 硫酸盐	sulfite 亚硫酸盐
nitras	nitrate 硝酸盐	nitrite 亚硝酸盐

(二)形容词的转化

形容词的转化有如下三种情况:

(1)将拉丁词或希腊词以 -cus,-ca,-cum 结尾的形容词去掉词尾 -us,-a,-um,即为英语的形容词。

如:

拉	英	
nitricus(-a,-um)	nitric	硝酸的
gastricus(-a,-um)	gastric	胃的
opticum(-a,-us)	optic	视觉的

(2)将拉丁词或希腊词以 -dus,-da,-dum 结尾的形容词去掉词尾 -us,-a,-um,即为英语的名词或形容词。

如：

拉	英	
acidus (-a,-um)	acid	*n.* & *adj.* 酸(的)
liquidum (-a,-um)	liquid	*n.* & *adj.* 液体(的)
lucidus (-a,-um)	lucid	*adj.* 光亮的，光辉的

(3)将以"-a"结尾的拉丁文生物学名改为以"-an"结尾，同时将第一个大写字母改为小写，即为该类生物的英语名词和英语形容词。

如：

拉	英	
Amphibia 两栖纲	amphibian	*n.* 两栖生物 *adj.* 两栖的
Anomura 异尾亚目	anomuran	*n.* 异尾亚目动物 *adj.* 异尾亚目的
Crustacea 甲壳纲	crustacean	*n.* 甲壳动物 *adj.* 甲壳动物的

(三)来源于拉丁语和希腊语的英语名词单数变复数的规律

有些英语词汇直接沿用了拉丁名词的单数和复数形式。现将这些单数和复数形式的词尾变化及其读音规则介绍如下(见表 4-1)：

表 4-1　直接沿用拉丁名词的英语词汇单数和复数词尾变化

单数		复数	
词尾	例词	词尾	例词
-us [əs]	fungus 霉菌 [ˈfʌŋgəs]	-i [ai]	fungi [ˈfʌŋgai]
-a [ə]	alga 海藻 [ˈælgə] larva 幼体 [ˈlaːvə]	-ae [iː]	algae [ˈælʤiː] larvae [ˈlaːviː]
-um [əm]	bacterium 细菌 [bækˈtiəriəm] nephridium 原肾 [neˈfridiəm]	-a [ə]	bacteria [bækˈtiəriə] nephridia [neˈfridiə]

续表

单数		复数	
词尾	例词	词尾	例词
-ma [mə]	stoma 口,小孔 [ˈstəumə]	-mata [mətə]	stomata [ˈstəumətə]
-on [ən]	criterion 标准 [kraiˈtiəriən] ganglion 神经节 [ˈgæŋgliən]	-a [ə]	criteria [kraiˈtiəriə] ganglia [ˈgæŋgliə]
-men [men]	foramen 孔 [fɔˈreimen]	-mina [mainə]	foramina [fɔrəˈmainə]
-is [is]	basis 基础 [ˈbeisis] testis 精巢,睾丸 [ˈtestis]	-es [iːz]	bases [ˈbeisiːz] testes [ˈtestiːz]
-ex [eks]	index 指数,索引 [ˈindeks]	-ices [isiːz]	indices [ˈindisiːz]
-x [ks]	larynx 喉 [ˈlæriŋks]	-ges [ʤiːz]	larynges [ləˈrinʤiːz]

在直接沿用了拉丁名词或希腊名词的英语词汇中,其单数和复数形式的变化还应注意以下三方面的问题:

(1)科技英语中有些从希腊语和拉丁语吸收来的科技英语词汇,其名词的单数形式和复数形式相同。

如:

aircraft	飞行器
means	工具,手段
species	种
detritus	有机碎屑

这些都是保留了原语种的用词习惯。

(2)有些来源于拉丁语和希腊语的英语名词已经完全英语化了,因此其复数也只能按英语的规则来变化。

如：

单数	复数	词义
electron	electrons	电子
neutron	neutrons	中子
proton	protons	质子

(3)在这些英语化了的名词中，其中以 -us、-um 和 -x(或 -ex)结尾的拉丁语和希腊语源的英语名词，同时兼有原语种的复数及英语规则复数两种形式。

如：

例词	原语种复数	英语规则复数
fungus	fungi	funguses (霉菌)
aquarium	aquaria	aquariums (水族馆)
index	indices	indexes (指数，索引)

(四)拉丁词转化为英语单词时某些字母的拼写

1. 双元音 ae 和 oe

ae、oe 在拉丁词发音中为双元音，读成[ē]，其前面的 a 和 o 不发音。在转化为英语单词时，a 和 o 可以省略掉不写，但写出来也可以。如：

anaemia = anemia	贫血
oecology = ecology	生态学
mesogloea = mesoglea	中胶层

2. 字母 y

在拉丁语字母中 y 和 i 发音相同，有些词在拼写时常将 y 写成 i，转化为英语单词时亦可这样写。如：

拉丁词	syntomycinum = sintomycinum(合霉素)
英语	syntomycin = sintomycin

3. 双辅音 ph

在拉丁词的发音中 ph 是双辅音，读[f]音。在书写有双辅音 ph 的拉丁词时，人们常常把 ph 写成 f。因此在拉丁词中这些词汇就有两种写法，当它演变成英语名词时也就有两种写法。如：

拉丁词	sulphas = sulfas	硫酸盐
英语名词	sulphate = sulfate	硫酸盐

4. 字母 k 和 c

在拉丁词的发音中，字母 k 和 c 有时发音相同，读成[k]，因此有些拉丁词在拼写时常将字母 k 和 c 混写，转化为英语单词时亦可这样写。如：

mollusk = mollusc	*n.* 软体动物
kinorhynch = cinorhynch	*n.* 动吻虫

5. 字母 j 和 i

在拉丁词的发音中，字母 j 和 i 发音相同，因此有些拉丁词在拼写时常将字母 j 和 i 混写。如：Lutjanidae 笛鲷科，也有人写成：Lutianidae。

三、缩略词变复数的规则

缩略词变复数一般有以下三条规则：

(1)在最后一个字母后加“'s”或“s”，一般此“s”或“'s”要小写。

如：

单数		复数		
Oceanographic Weather Buoy	OWB	OWBs	OWB's	(海洋气象浮标)
Essential Amino Acid	EAA	EAAs	EAA's	(必需氨基酸)
Company	CO	COs	CO's	(公司)

(2)少数是用重写最后一个字母的办法来表示复数。

如：

单数		复数	
page	p.	pp.	(页)
species	sp.	spp.	(种)

(3)一些表示单位的缩写词往往单数复数同形。

如：

kg.	(kilogram, kilograms)	千克
ft.	(foot, feet)	英尺
w.	(watt, watts)	瓦
m.	(meter, meters)	米

第二篇

阅读与理解

（Marine Biology）

Ⅰ. INTRODUCTION

Estuarine[1] and oceanic environments support a multitude of organisms from the smallest of protozoans[2] to the largest of mammals. The broadest division of the marine realm[3] separates the benthic (i. e., bottom) and the pelagic[4] (i. e., water column) environments. The benthic environment consists of supratidal (supralittoral)[5], intertidal (littoral)[6], subtidal[7] (sublittoral or shelf[8]), bathyal[9], abyssal[10], and hadal[11] zones. The pelagic environment, in turn, comprises neritic (inshore)[12] and oceanic (offshore[13]) zones. The oceanic zone can be further subdivided on the basis of water depth into epipelagic[14] (0 to 200 m depth), mesopelagic[15] (200 to 1000 m), bathypelagic[16] (1000 to 2000 m), abyssalpelagic[17] (2000 to 6000 m), and hadalpelagic[18] regions (>6000 m). Organisms inhabiting the neritic and oceanic zones are logically classified as neritic (coastal ocean) and oceanic species. They can also be grouped according to their life habits into plankton (free-floating), nekton[19] (swimming), and benthos[20] (bottom-dwelling).

This reading material focuses on the major taxonomic[21] groups of organisms inhabiting estuarine and marine environments. It also examines the physical, chemical, and biological factors affecting the abundance, distribution, and diversity of these organisms. In addition, it provides useful information on estuarine and marine communities and the complex and dynamic habitats[22] that they utilize.

【注释】

[1] estuarine *adj.* 河口的。

[2] protozoan *n.* 原生动物。由 proto- 和 -zoan 构成。拉丁文学名为:Protozoa (原生动物门)。

zoa *n.* 动物。-zoan(名词词尾)动物,(形容词词尾)动物的。

proto- 原始。如:

① protobiont *n.* 原始生物。由 proto- 和 -biont【具有(特定)生活方式者】构成。

② protophyte *n.* 原生植物。由 proto- 和 -phyte 构成。

-phyte 植物。如:phytology 植物学。

③ protoplasm *n.* 原生质。由 proto- 和 -plasm(形成或结构材料)构成。

[3] realm *n.* 领域,即:环境。

[4] pelagic *adj.* 浮游的、远洋的、水层的**〈加下划线的文字为本例的词义或解释,下同〉。**

[5] supratidal (= supralittoral) *adj.* 潮上的。由 supra- 和 tidal 构成。

supra- 在上,高于。

tidal *adj.* 潮汐的。

[6] intertidal (= littoral) *adj.* 潮间的,滨海的,沿海的。

[7] subtidal *adj.* 潮下的。由 sub- 和 tidal 构成。

sub- 在下。

[8] shelf *n.* 大陆架。

[9] bathyal *adj.* (半)深海底的。

[10] abyssal *adj.* 深海的,深渊的。

[11] hadal *adj.* 超深渊的。

[12] neritic (=inshore) *adj.* 近岸的,近海的。*n.* 近岸,近海,内滨(低潮线向内到最高潮水线这一块区域)。

[13] offshore *adj.* 近岸的,近海的,离岸的,外海的。*n.* 近岸,近海,外滨(低潮线向外到大陆斜坡这一块区域)。

[14] epipelagic *adj.* 海洋上层的。由 epi- 和 pelagic 构成。

epi- 在上,在外。如:

① epibiont *n.* 寄生在宿主表面上的生物。由 epi- 和 -biont 构成。

② epiplankton *n.* 上层浮游生物。由 epi- 和 plankton (*n.* 浮游生物)构成。

③ epipelos *n.* 泥面生物。由 epi- 和 pelos (*n.* 泥栖生物)构成。

④ epilithion *n.* 石面生物。由 epi- 和 -lithion(石头上生长的生物)构成。

⑤ epilittoral *adj.* 潮上的,岸上的。如:epilittoral zone 潮上带。

[15] mesopelagic *adj*. 海洋中层的。由 meso- 和 pelagic 构成。
meso- 中间的。如：
① mesoblast *n*. 中胚层。由 meso- 和 -blast (胚层,成……细胞)构成。
② mesenteron *n*. 中肠,中体腔。由 meso- 和 enteron (*n*. 肠,消化道)构成。
③ mesotroch *n*. 中纤毛轮。由 meso- 和 -troch(纤毛带)构成。

[16] bathypelagic *adj*. 海洋深层的,深海水层的。由 bathy- 和 pelagic 构成。
bathy- 深的,深海的。如：
① bathyplankton *n*. 深海浮游生物。由 bathy- 和 plankton 构成。
② *Bathyclupea* 深海鲱属。由 bathy- 和 *Clupea*(鲱属)构成。
③ bathythermograph *n*. 温深仪。由 bathy-、thermo-(温，热)和 -graph(描绘器,记录仪)构成。
④ *Bathygobius* 深海鰕虎鱼属。由 bathy- 和 *Gobius*(鰕虎鱼属)构成。

[17] abyssalpelagic *adj*. 深渊(水层)的。由 abyssal(*adj*. 深渊的)和 pelagic构成。

[18] hadalpelagic *adj*. 超深渊(水层)的。由 hadal(*adj*. 超深渊的)和 pelagic构成。

[19] nekton = necton *n*. 游泳动物。

[20] benthos= benthon *n*. 底栖生物。

[21] taxonomic *adj*. 分类学的。

[22] habitat *n*. 栖息地。

Ⅱ. BACTERIA

Marine bacteria are microscopic[1], unicellular[2] organisms less than 2 μm in diameter, which belong to the phylum[3] Schizomycophyta[4]. They can be broadly subdivided into autotrophic[5] and heterotrophic[6] forms. Autotrophic bacteria derive energy through photosynthesis[7] (phototrophs[8]) or through the oxidation of inorganic compounds (chemolithotrophs[9]). Included in this category are those bacteria that use hydrogen in water as electron donors[10], while releasing oxygen, and those bacteria that utilize reduced[11] substances (e. g., sulfides, molecular hydrogen, or carbon compounds) as electron donors in photoassimilation[12] of carbon dioxide. Heterotrophic bacteria, saprophytes[13] and parasites, obtain energy from other organic compounds. Photosynthetic bacteria, phototrophs, encompass marine forms such as anoxyphotobacteria[14] and oxyphotobacteria[15]. In marine systems, phototrophic bacteria have rather limited significance as primary producers and remain relatively unimportant in biotic transformations[16]. Chemosynthetic bacteria (chemolithotrophs) are integral components in several geochemical[17] cycles (e. g., nitrogen and sulfur cycles). Examples include nitrifying[18] bacteria (family Nitrobacteriaceae[19]), which convert ammonia to nitrite (e. g., *Nitrosomonas*[20]) and nitrite to nitrate (e. g., *Nitrobacter*[21]), and sulfur bacteria (i. e., sulfur-oxidizing and sulfur-granule-containing forms), which oxidize sulfide[22], sulfur, or thiosulfate[23] to sulfate[24]. Recently, chemosynthetic[25] bacteria that oxidize sulfur and other inorganic compounds at hydrothermal vent[26] and cold-water sulfide/methane[27] seep[28] environments in the deep sea have received much attention because the energy derived from their oxidation supports lavish biotic communities. These communities have been the focus of a number of comprehensive investigations.

【注释】

[1] microscopic *adj*. 微小的。

[2] unicellular *adj*. 单细胞的。

[3] phylum *n*. (生物分类的)门。复数是:phyla。

注:

① class *n*. (生物分类的)纲。

② order *n*. (生物分类的)目。

③ family *n*. (生物分类的)科。

④ genus *n*. (生物分类的)属。复数是:genera。

[4] Schizomycophyta 裂殖菌门。由 schizo-、myco- 和-phyta 构成。

schizo- 分裂的。

myco- 霉菌,细菌。

-phyta 植物(常做为拉丁文植物学名"门"的词尾)。

[5] autotrophic *adj*. 自养的。由 auto- 和 trophic 构成。

auto- 自己,自体,自动,自发。如:

① autecology *n*. 个体生态学。由 auto- 和 ecology (*n*. 生态学)构成。
autecology = bionomics。

② autobiology *n*. 个体生物学。由 auto- 和 biology 构成。
autobiology = idiobiology 。

③ autocatalysis *n*. 自身催化。由 auto- 和 catalysis (*n*. 催化)构成。

trophic *adj*. 营养的。tropho- 营养。如:

① trophobiont *n*. 取食共生者 。

② trophodynamics *n*. 营养动力学。由 tropho- 和 dynamics (*n*. 动力学)构成。

③ tropholytic *adj*. 食物分解的。由 tropho- 和-lytic(溶解的)构成。

[6] heterotrophic *adj*. 异养的。由 hetero- 和 trophic 构成。

hetero- 异。如:

① Heteropoda (软体动物)异足目。由 hetero-和 -poda【具有(多)足的动物】构成。

② heterogen *n*. 异型杂种。由 hetero- 和 -gen(产生……者,基因,素)构成。

③ heterozygote *n*. 杂合子。由 hetero- 和 zygote (*n*. 合子)构成。

[7] photosynthesis *n.* 光合作用。由 photo- 和 synthesis(n. 合成)构成。

photo- 光。如：

① photophore *n.* (发光生物的)发光器。由 photo- 和 -phore(携带者,载体,具有……特定结构的物体或生物体)构成。

② photon *n.* 光,光量子。

③ photophile *n.* 喜光生物。由 photo- 和 -phile(热爱……者)构成。

④ photophobe *n.* 避光生物。由 photo- 和 -phobe(患特定恐怖症者)构成。

[8] phototroph *n.* 光养生物。由 photo-和-troph 构成。

[9] chemolithotroph *n.* 矿质化能营养生物。由 chemo-、litho- 和 -troph 构成。

chemo- 化学。如：

① chemosmosis *n.* 化学渗透作用。由 chemo- 和 osmosis (*n.* 渗透作用)构成。

② chemotaxis *n.* 趋化性,趋药性。由 chemo- 和-taxis(趋……性)构成。

③ chemotaxonomy *n.* 化学分类学。由 chemo- 和 taxonomy (*n.* 分类学)构成。

④ chemoreceptor *n.* 化学感受器。由 chemo- 和 receptor (*n.* 感受器,受体)构成。

⑤ chemotrophy *n.* 化能营养。由 chemo- 和-trophy(营养)构成。

litho- 石头,矿化。

-troph ……营养者。

[10] donor *n.* 化学原料、供体。

[11] reduced v. 减少,缩小,退化,分化,还原,减数分裂。

[12] photoassimilation *n.* 光化学同化作用。由 photo- 和 assimilation (*n.* 同化作用)构成。

[13] saprophyte *n.* 腐生生物、腐生植物、腐生菌。由 sapro- 和 -phyte 构成。

sapro- 腐烂,腐生菌的。

[14] anoxyphotobacteria *n.* 厌氧光合细菌。由 anoxy- 和 photobacteria 构成。

anoxy- 厌氧的。

[15] oxyphotobacteria 需氧光合细菌。由 oxy- 和 photobacteria 构成。

oxy- 氧,氧化,酸。如：oxylophyte *n.* 喜酸植物。

[16] biotic transformation 生物转化。

[17] geochemical *adj*. 地球化学的。

[18] nitrify *v*. 硝化。

[19] Nitrobacteriaceae 硝化细菌科。由 nitro-、bacteri- 和 -aceae 构成。
nitro- 硝化。
bacteri- 细菌。
-aceae 植物科名词尾。

[20] *Nitrosomonas* 亚硝化单胞菌属。由 nitroso- 和 *Monas* 构成。
nitroso- 亚硝基,亚硝化。
Monas 单胞菌属。

[21] *Nitrobacter* 硝化杆菌属。由 nitro- 和 bacter (*n*. 杆菌)构成。

[22] sulfide *n*. 硫化物。

[23] thiosulfate *n*. 硫代硫酸盐(或酯)。由 thio- 和 sulfate 构成。
thio- 硫代。

[24] sulfate *n*. 硫酸盐。

[25] chemosynthetic *adj*. 化合作用的。

[26] hydrothermal vent 热泉口。
hydrothermal *adj*. 热液的,热水的。由 hydro- 和 thermal 构成。
hydro- 水。
thermal *adj*. 热的,温度的。
vent *n*. 出口,发泄。

[27] methane *n*. 甲烷,沼气。

[28] seep *n*. 渗出。

Five microbial[1] habitats are delineated in estuarine and marine environments: planktonic[2], neustonic[3], epibiotic[4], benthic, and endobiotic[5] types. Free-floating bacteria (i. e., bacterioplankton[6]) assimilate[7] soluble organic matter in the water column, removing this material in microgram[8]-per-liter or nanogram[9]-per-liter concentrations. Although bacterioplankton attain relatively high numbers in some coastal waters, they may be less abundant than bacterial neuston populations that are highly responsive to the greater concentrations of fixed carbon and nutrients accumulating at the air-seawater interface[10]. Epibiotic bacteria, in turn, colonize[11] the surfaces of marine substrates, where they serve as a food source for protozoans and other heterotrophs. An extremely large numter of bacteria inhabit seafloor sediments, living in both aerobic[12] and anaerobic[13] zones. Other bacteria enter into commensalistic[14], mutualistic[15], and parasitic relationships with other organisms. The symbiotic[16] activity of certain endobacteria (i. e., parasites) has been well chronicled, largely because of the diseases and other problems they inflict on marine plants and animals.

Marine bacteria attain peak numbers in estuarine waters ($\sim 10^6$ to 10^8 cells/ml), and gradually decline in abundance and production from the coastal ocean (1 to 3×10^6 cells/ml) to neritic (10^4 to 10^6 cells/ml) zones. Bacterial biomass[17] likewise decreases from more than 10 μg C/l in estuarine waters to 5 to 10 μg C/l and 1 to 5 μg C/l in coastal oceanic and neritic waters, respectively. Similar trends are evident in bottom sediments, with highest bacterial cell counts (10^{11} cells/cm^3) observed in salt marsh[18] and mudflat[19] sediments along estuarine shores, and lower counts recorded in subtidal shelf and deep-sea sediments. Bacterial cell counts, as well as bacterial production, also diminish with increasing depth within the top 20 cm of the sediment column. Rublee, for example, reported that bacterial cell counts of salt marshes dropped from 1 to 20×10^9 cells/cm^3 in surface sediments to 1 to 3×10^9 cells/cm^3 at a depth of 20 cm. Bacterial numbers typically peak near the sediment-water interface within the upper 2 cm of seafloor sediments, and then they decline at progressively greater depths. The aforementioned trends in bacterial abundance in estuarine and oceanic environments closely correlate with the concentration of organic matter present in the water column and bottom sediments. Highest bacterial cell counts and production occur in sediments enriched in particulate[20] organic matter or enhanced by high dissolved organic carbon concentrations (e. g., salt marsh, mangrove[21], and seagrass[22] biotopes[23]).

【注释】

[1] microbial *adj*. 微生物的。

[2] planktonic *adj*. 浮游的。

[3] neustonic *adj*. 漂浮的。

neuston *n*. 漂浮生物(plankton 中的一个类别)。

[4] epibiotic *adj*. 外生的,体外生的。由 epi- 和 biotic 构成。

biotic *adj*. 生命的,生物的。

[5] endobiotic *adj*. 生物内生的,体内(寄)生的。由 endo- 和 biotic 构成。

endo- 在……内。如:

① endoenzyme *n*. 胞内酶。由 endo- 和 enzyme(*n*. 酶)构成。如:ectoenzyme *n*. 胞外酶。

② endotherm *n*. 温血动物,恒温动物。由 endo- 和 -therm 构成。-therm 具有特定类型体温的动物。如:

① ectotherm *n*. 变温动物,冷血动物。由 ecto-和-therm 构成。

② megatherm *n*. 高温植物。由 mega-(大的)和 -therm 构成。

[6] bacterioplankton *n*. 细菌浮游生物,浮游细菌。

[7] assimilate *v*. 吸收。

[8] microgram *n*. 微克。由 micro- 和 gram 构成。

micro- 微。

gram *n*. 克。

milligram *n*. 毫克。由 milli-(毫)和 gram 构成。

[9] nanogram *n*. 毫微克。

nano-(= nanno-)纳,毫微,纤细,小。

① *Nannocalanus* 小哲(镖)水蚤属。由 nanno- 和 *Calanus*【哲(镖)水蚤属】构成。

② nanometer *n*. 毫微米。由 nano- 和 meter 构成。

③ *Nanosesarma* 小相手蟹属。由 nano- 和 *Sesarma*【相手蟹属(螃蜞属)】构成。

④ nannofossil *n*. 微化石,微型浮游植物化石。由 nano- 和 fossil(*n*. 化石)构成。

[10] interface *n*. 界面。由 inter- 和 face 构成。

inter- 中间,相互的。如:

① interbreed *v.* 杂交。由 inter- 和 breed (*v.* 繁殖)构成。

② interspecific *adj.* 种间的。由 inter- 和 specific (*adj.* 种的)构成。

[11] colonize *v.* 群集。常译为“殖民地化”,但在生物学方面常译为“群集”。
colony *n.* 在细菌学方面则译为“菌落”。
colonial *adj.* 群集的,群体的。

[12] aerobic *adj.* 需氧的。

[13] anaerobic *adj.* 厌氧的。

[14] commensalistic *adj.* 共栖的。

[15] mutualistic *adj.* 依生(生物)的。

[16] symbiotic *adj.* 共生的。

[17] biomass *n.* 生物量。由 bio- 和 mass (*n.* 大量,群众)构成。
bio- 生物。如:

① biodetritus *n.* 生物碎屑。由 bio- 和 detritus (*n.* 碎屑)构成。

② biosphere *n.* 生物圈。由 bio- 和 sphere (*n.* 领域,范围,球)构成。

③ bioluminescence *n.* 生物发光。由 bio- 和 luminescence (*n.* 发光)构成。

[18] marsh *n.* 沼泽地。

[19] mudflat *n.* 泥滩。

[20] particulate *adj.* 微粒的。

[21] mangrove *n.* 红树,红树林。

[22] seagrass *n.* 海草。

[23] biotope *n.* 生物小区,生境。

The density of bacteria on sediment surfaces ranges from ~1 cell/0.3 μm^2 to 1 cell/400 μm^2. The highest numbers exist in sediments with elevated concentrations of organic matter. More bacteria attach to fine sediments (clay[1] and silt[2]) than to coarse sediments (sand and gravel[3]), concentrating in cracks[4], crevices[5], and depressed[6] in the grains[7]. Hence, only a relatively small area of a given particle is colonized by the microbes[8] at any time. Attached bacteria are generally larger (~0.6 μm in diameter) than free-living (bacterioplankton) forms (<0.4 μm in diameter). The abundance of attached bacteria relative to free-living bacteria increases from the open ocean[9] to nearshore[10] oceanic and estuarine environments.

The role of bacteria is vital to the health of estuarine and marine ecosystems[11]. For example, bacteria are critical to the decomposition of organic matter, cycling of nutrients and other substances, and energy flow in food webs. A large fraction of marine bacteria are saprobes[12], obtaining their nourishment from dead organic matter. Bacterial-mediated[13] decomposition of organic matter proceeds largely by hydrolysis[14] of extracellular[15] enzymes released by the microorganisms, followed by uptake and subsequent incorporation of solubilized compounds into microbial biomass. Bacterial mineralization[16] of the organic matter releases inorganic chemical constituents[17]. The traditional view of bacteria as decomposers[18] in marine systems is that they colonize[19] detrital[20] material, assimilate nutrients, and convert particulate organic matter into dissolved organic matter to meet their energy requirements. They then serve as a food source for microfauna[21] (e. g. , ciliates[22] and flagellates[23]) and macrofauna[24] (e. g. , detritivores[25]).

【注释】

[1] clay *n.* 泥土。

[2] silt *n.* 淤泥。

[3] gravel *n.* 沙砾。

[4] crack *n.* 裂缝。

[5] crevice *n.* 裂隙。

[6] depresse *v.* 沮丧,陷入。

[7] grain *n.* 微粒、岩石的纹理。

[8] microbe *n.* 微生物,细菌。

[9] open ocean 外海,大洋。

[10] nearshore *adj.* 近岸的。

[11] ecosystem *n.* 生态系统。由 eco- 和 system (*n.* 系统)构成 。

eco- 生态,居处,生境。如:

① ecocline 由 eco- 和 cline 构成。

n. 生态变异。此处“-cline”意为“斜坡,滑坡”。

n. 生态渐变群。此处“cline”为名词,意为“渐变群”。

② ecodeme *n.* 生态同类群。由 eco- 和 deme(*n.* 同类群)构成。

③ ecocrisis *n.* 生态危机。由 eco- 和 crisis(*n.* 危机)构成。

④ ecosphere *n.* 生态圈。

[12] saprobe *n.* 腐生生物,污水生物,腐生菌。

[13] mediate *v.* 调停,引起。

[14] hydrolysis *n.* 水解。由 hydro- 和 lysis(*n.* 溶解,溶化,分解)构成。

-lysis 溶解,溶化,分解。如:

① electrolysis *n.* 电解。由 electro-(电)和 -lysis 构成。

② biolysis *n.* 生物分解。由 bio- 和 -lysis 构成。

③ autolysis *n.* 自溶作用。由 auto- 和 -lysis 构成。

[15] extracellular *adj.* 胞外的。由 extra- 和 cellular 构成。

extra- 外。

cellular *adj.* 细胞的。

[16] mineralization *n.* 矿化作用。

[17] constituent *n.* 要素,组分。

[18] decomposer *n.* 分解者。能分解死亡物质的生物(即:细菌)。

[19] colonize *v.* 殖民地化,(微生物)移植在……生长。

[20] detrital *adj.* 碎屑的。

[21] microfauna *n.* 微型(小型)动物(区系)。由 micro-和 fauna 构成。

fauna *n.* 动物群(动物区系)。flora *n.* 植物区系,植物群。

[22] ciliate *n.* 纤毛虫。

[23] flagellate *n.* 鞭毛虫。

[24] macrofauna *n.* 大型动物(区系)。由 macro-(大的,长的)和 fauna 构成。

[25] detritivore *n.* 食碎屑者,食腐质者。由 detriti- 和-vore 构成。

detriti- 碎屑。

-vore 吞咽者。

Bacterial decomposition of organic matter takes place both in aerobic and anaerobic environments. Aerobic heterotrophic bacteria occur in three distinct habitats, that is, in the water column either suspended or attached to detrital particles, in the top layer of seafloor sediments, and in living and dead tissues of plants and animals. Anaerobic bacteria characteristically inhabit deeper, anoxic[1] sediment layers, anoxic seas characterized by very poor circulation (e. g. , bottom waters of fjord[2]-type estuaries), and some polluted regions. Much microbial decomposition and mineralization of organic matter take place in sediments of saltmarshes and other wetlands[3], as well as in estuarine and coastal oceanic bottom sediments only a few millimeters or centimeters below the sediment-water interface. The depth to the anaerobic zone in seafloor sediments is a function of[4] physical-chemical properties and biological processes occurring in the water column and sediments. For example, light intensity at the sediment surface, the degree of turbulence[5] on the seafloor, permeability[6] of the sediment, bioturbation[7], and content of organic matter affect the position of the anaerobic zone. All are influenced by other physical, chemical, and biological factors. The balance between the downward diffusion[8] of oxygen in the sediments and its consumption determines the depth of the transition zone[9] separating the oxidized and reduced layers.

Anaerobic bacteria have more specific roles in the transformation[10] of organic matter. Although aerobic bacteria use a wide range of natural substrates, the anaerobes utilize a more-restricted group of compounds. On the basis of their specialized biochemistry, anaerobic forms have been differentiated into four broad types: (1) fermenting[11] bacteria; (2) dissimilatory[12] sulfate-reducing bacteria; (3) dissimilatory nitrogenous[13] oxide-reducing bacteria; and (4) methanogenic[14] bacteria. Among these forms, dissimilatory sulfate-reducing bacteria use a restricted group of low-molecular-weight compounds (e. g. , lactate [15]) and generate biomass, carbon dioxide, and soluble end products. Methanogenic bacteria likewise require a specific group of compounds (i. e. , carbon dioxide, acetate[16], formate[17], and methanol[18]), with methane as their end product. Fermenting and dissimilatory nitrogenous oxide-reducing bacteria employ a wider array of carbon sources; their metabolic[19] products include biomass, carbon dioxide, and low-molecular-weight fermentation[20]. Anaerobic microbial metabolism[21] is much more complex than aerobic microbial metabolism, which principally transforms particulate organic carbon and dissolved organic carbon to biomass and carbon dioxide.

Because bacteria are responsible for most organic matter decomposition in estuarine and marine environments, they also play a vital function in the cycling of nutrients. During the summer months, nutrients released during the breakdown[22] and mineralization of organic matter may be completely assimilated by autotrophs. Mineralization processes can be considered a counterpart[23] of photosynthesis and chemosynthesis[24].

【注释】

[1] anoxic *adj*. 缺氧的。

[2] fjord *n*. 海湾,峡湾。

[3] wetland *n*. 湿地、沼泽地。

[4] a function of 是……函数,随……而变。

[5] turbulence *n*. 扰动。

[6] permeability *n*. 穿透性,渗透性(意:沉积物的疏松程度)。

[7] bioturbation *n*. 生物扰动。

[8] diffusion *n*. 扩散。

[9] transition zone 过渡区域。

[10] transformation *n*. 转化。

[11] ferment *v*. 发酵。

[12] dissimilatory *adj*. 异化的(意:特化的)。

[13] nitrogenous *adj*. 含氮的。

[14] methanogenic *adj*. 产甲烷的。由 methan- 和 -genic 构成。
methan- 甲烷,沼气。
-genic 由……产生的,由……形成的。

[15] lactate *n*. 乳酸盐(酯)。

[16] acetate *n*. 醋酸盐。

[17] formate *n*. 甲酸盐。

[18] methanol *n*. 甲醇。

[19] metabolic *adj*. 新陈代谢的。

[20] fermentation *n.* 发酵物。
[21] metabolism *n.* 新陈代谢。
[22] breakdown *n.* 分解。
[23] counterpart *n.* 相反的对应部分。由 counter 和 part 构成。
counter *adv.* & *prep.* 相反地。
[24] chemosynthesis *n.* 化合作用。

Aside from their unequivocal importance in the transformation of organic matter, bacteria are key biotic components in trophic energetics. As stated by Alongi, "The energetics of the pelagic food web is dominated by the microbial loop[1]— a complex network of autotrophic and heterotrophic bacteria, cyanobacteria[2], protozoan, and microzooplankton[3]— within which a substantial share of fixed carbon and energy is incorporated into bacteria and subsequently dissipated[4] as it is transferred from one consumer to another." The concept of the microbial loop has been revolutionizing the traditional view of pelagic food webs for more than a decade. The classic perception of the pelagic food web is one of essentially a linear pathway of energy flow from phytoplankton[5] through zooplankton to higher-order consumers (e. g., fish and mammals). The revised view of the pelagic food web, as conveyed by Azam et al., includes a microbial loop involving the cycling of organic matter through microbes before entering the classic food web.

Marine microheterotrophic[6] activity now appears to be tightly coupled to that of primary producers, with bacteria utilizing dissolved organic matter from living phytoplankton as well as dead phytoplankton remains. As much as 10 to 50% of phytoplankton production is converted to dissolved organic matter and assimilated by bacterioplankton, phagotrophic[7] protists[8] consume the bacterioplankton and, in turn, are ingested by microzooplankton or larger zooplankton. Thus, a substantial amount of primary production may cycle through bacteria, much of the dissolved organic matter being recovered through a "microbial loop" rather than lost through remineralization[9] as occurs in the traditional food chain. The structure and function of the microbial links in pelagic food webs are subjects of ongoing investigations, but remain uncertain. Clearly, opinions differ in terms of[10] the relative importance of bacterioplankton as primarily remineralizers of the nutrients fixed by phytoplankton or as a biomass source for the macroplanktonic[11] food chain.

Questions have been raised regarding the applicability of the microbial loop concept to benthic food chains. A benthic microbial loop, analogous to that proposed by Azam et al. , may be even more profound in seafloor sediments, where bacteria consume as much as 80% of the organic inputs. While larger zooplankton ineffectively graze on bacterioplankton in pelagic waters, metazoan[12] bacterivores[13] (e. g. , meiofauna[14] and benthic macrofauna) as well as protozoans efficiently ingest the microbes in bottom substrates. Trophic interactions among macrofaunal food webs in seafloor sediments, however, often are poorly understood. Indeed, sediment-ingesting benthic macrofauna consume bacteria, protozoans, and meiofauna, potentially obfuscating energy flow from lower trophic levels. Protozoans, especially microflagellates[15], remove most of the bacterial production in the sediments, macrofaunal grazing on protozoan bacterivores indirectly accounting for only slight cropping of bacteria. Less than 10% of bacterial production is consumed directly by benthic macrofauna in most marine sediments, the highest recorded values (~40% of production) restricted to intense feeding in surface sediments. Bacterial production in sediments may serve principally as a sink[16] for energy and nutrient flow.

Alongi stressed that the role of sediment bacteria in benthic food chains and nutrient cycles is essentially one of aerobic trophic links and anaerobic nutrient sinks. In surface aerobic sediments where most consumer organisms live, bacteria are linked trophically. This is not the case in anaerobic sediments below, where anaerobic bacteria and some protozoa constitute most forms of life. The concept of microbial loops in pelagic and perhaps benthic food webs and the view of bacteria as competitors for food and nutrients of other estuarine and marine organisms continue to stimulate much interest in the interplay of microbial groups, material cycles, and the factors affecting them.

【注释】

[1] microbial loop 微食物环,微生物环。
microbial *adj*. 微生物的。
loop *n*. 环。

[2] cyanobacteria *n*. 蓝细菌。由 cyano- 和 bacteria 构成。
cyano- 蓝。

[3] microzooplankton *n*. 小型浮游动物。由 micro-、zoo 和 plankton 构成。
zoo *n*. 动物。zoo- 动物,能动,浮动。如:
① zoobenthos *n*. 底栖动物。由 zoo- 和 benthos 构成。
② zoogamete *n*. 游动配子。由 zoo- 和 gamete (*n*. 配子)构成。
③ zootrophic *adj*. 动物营养的。由 zoo- 和 trophic 构成。
④ zoocyst *n*. 能动细胞囊。由 zoo- 和 cyst(*n*. 囊)构成。

[4] dissipate *v*. 丧失,消耗。

[5] phytoplankton *n*. 浮游植物。由 phyto- 和 plankton 构成。
phyto- 植物。如:
① phytology *n*. 植物学。由 phyto- 和 -ology(……学,理论)构成。
② phytophaga *n*. 食植动物。由 phyto- 和 -phaga(食……者)构成。
③ phytotoxin *n*. 植物毒素。由 phyto- 和 toxin(*n*. 毒素)构成。
④ phytoflavin *n*. 藻黄素。由 phyto- 和 flavin(*n*. 黄素)构成。
⑤ phytoparasite *n*. 寄生植物。由 phyto- 和 parasite(*n*. 寄生物)构成。

[6] microheterotrophic *adj*. 微型异养的。由 micro-、hetero- 和 -trophic 构成。

[7] phagotrophic *adj*. 吞噬营养的。由 phago- 和 -trophic 构成。
phago- 吞噬。

[8] protist *n*. 原生生物。

[9] remineralization *n*. 再矿化作用。由 re-和 mineralization 构成。

[10] in terms of 用……术语来表达。

[11] macroplanktonic *adj*. 大型浮游生物的。由 macro- 和 planktonic 构成。

[12] metazoan *n*. & *adj*. 后生动物(的),多细胞动物(的)。

[13] bacterivore *n.* 食细菌动物。由 bacteri- 和 -vore 构成。

[14] meiofauna *n.* 较小型动物(区系)。由 meio-(较少,较小)和 fauna 构成。

[15] microflagellate *n.* 小型鞭毛虫。由 micro- 和 flagellate(*n.* 鞭毛虫)构成。

[16] sink *n.* 汇。

Ⅲ. PHYTOPLANKTON

The plankton includes a wide spectrum of organisms. They are usually collected with plankton nets. These consist of large cones of nylon gauze[1] filtering the organisms through their meshes, retaining organisms larger than the poresize and concentrating them at the net bucket[2].

Plankton are subdivided into four major size classes: (1) nanoplankton[3] (2 to 20 μm); (2) microplankton[4] (20 to 200 μm); (3) mesoplankton[5] (0. 2 to 20 mm); and (4) macroplankton[6] (>2 cm). Most phytoplankton assemblages[7] consist of nanoplankton (mainly diatoms[8], coccolithophores[9], and silicoflagellates[10]) and microplankton (diatoms and dinoflagellates[11]). Phycologists[12] often differentiate net plankton[13] and nanoplankton based on the nominal aperture size of plankton nets deployed in the field. Phytoplankton retained by fine-mesh nets (i. e. ~ 64 μm apertures) constitutes the net plankton, and those passing through the nets comprise the nanoplankton.

The shallow water plankters[14] have a distinctive classification. The pleuston[15] consists of those animals living on the surface of the water, partly in air and partly in water and drifted mainly by the wind, while the neuston consists of the remainder of the shallow fauna and includes the epineuston[16] and the hyponeuston[17] (infraneuston[18]) living below the interface.

On the basis of its nutrition plankton can also be divided into phytoplankton, capable of synthesizing some of its own materals by photosynthesis, and zooplankton feeding on existing materials.

【注释】

[1] gauze *n.* 筛绢。

[2] bucket 常用的意思是“桶”,这里指的是“(浮游生物网的)底管”;在海洋学方面 bucket temperature 则译为“表面水温”,bucket thermometer 译为“表面海水温度计”。

[3] nanoplankton *n.* 微型浮游生物。由 nano-和 plankton 构成。

[4] microplankton *n.* 小型浮游生物。

[5] mesoplankton *n.* 中层浮游生物,中型浮游生物。

[6] macroplankton *n.* 大型浮游生物。

[7] assemblage *n.* 集合体(即:群体)。

[8] diatom *n.* 硅藻。

[9] cocolithophore *n.* 颗石藻,球石藻,石灰质鞭毛虫。由 cocco-(球状的)、litho- 和 -phore 构成。

[10] silicoflagellate *n.* 硅质鞭毛藻。由 silico- 和 flagellate 构成。
silico- 硅。

[11] dinoflagellate *n.* 腰鞭毛虫,甲藻。

[12] phycologist *n.* 藻类学家。由 phyco- 和 -ologist (学者)构成。
phyco- 藻 。如:
① phycology *n.* 藻类学 。由 phyco- 和-ology 构成。
② phycoerythrin *n.* 藻红蛋白。由 phyco- 和 erythrin (*n.* 红细胞素,红血球素)构成。
③ phycocolloid *n.* 藻胶。由 phyco- 和 colloid(*n.* 胶)构成。
④ phycoxanthin *n.* (= phytoflavin)藻黄素。由 phyco- 和 xanthin (*n.* 黄质)构成。

[13] net plankton 网采浮游生物。

[14] plankter *n.* 浮游生物。plankter 是指个体浮游生物,它不同于 plankton,plankton 也译为浮游生物,但 plankton 是指群体浮游生物。

[15] pleuston *n.* 水漂生物(plankton 中的一个类群)。

[16] epineuston *n.* 表漂浮生物。由 epi- 和 neuston 构成。

[17] hyponeuston *n.* 次漂浮生物。由 hypo- 和 neuston 构成。
hypo- 下,低,少,次。如:
① hypoplankton *n.* 下层浮游生物。由 hypo- 和 plankton 构成。

② hyposmosis *n.* 低渗透。由 hypo- 和 osmosis (*n.* 渗透)构成。

③ hypovalve *n.* 下瓣,下壳。由 hypo- 和 valve (*n.* 壳,瓣)构成。

④ hypoacidity *n.* 酸过少。由 hypo- 和 acidity (*n.* 酸度)构成。

⑤ hypotrophy *n.* 营养不良。由 hypo- 和-trophy 构成。

[18] infraneuston(= hyponeuston) *n.* 次漂浮生物。由 infra- 和 neuston 构成。

infra- 下,次。如:

① infraplankton(= hypoplankton) *n.* 下层浮游生物。

② infrapelagic *adj.* 海洋下层的。由 infra- 和 pelagic 构成。

③ infrasound *n.* 次声。由 infra- 和 sound 构成。

The principal primary producers of the world's oceans are microscopic, free-floating plants (i. e. , phytoplankton), which inhabit surface waters, including those under ice in polar seas. These unicellular, filamentous, or chain-forming species encompass a wide diversity of photosynthetic organisms. The principal taxonomic groups include diatoms (class Bacillariophyceae[1]) (见图版 1), dinoflagellates (class Pyrrophyceae[2]) (见图版 2), coccolithophores (class Prymnesiophyceae[3]) (见图版 4:A), and silicoflagellates (class Chrysophyceae[4]) (见图版 4:D). In estuaries, lagoons[5], and coastal embayments[6], other taxonomic groups may locally predominate, such as euglenoid[7] flagellates (class Euglenophyceae[8]) (见图版 4:F), green algae (class Chlorophyceae[9]) (见图版 3:C 和 D), blue-green algae (class Cyanophyceae[10]) (见图版 3: A 和 B), and brown-colored phytoflagellates[11] (class Haptophyceae[12]) (见图版 4:B 和 C).

Phytoplankton play a critical role in initiating the flow of energy in a useful form through oceanic ecosystems. They are responsible for at least 90% of the photosynthesis in marine waters, the remaining 10% largely ascribable to benthic macroalgae[13] and vascular[14] plants (i. e. , salt marsh grasses, mangroves, and seagrasses) in intertidal and subtidal environments. Although most of this production is coupled to microscopic forms, macroscopic[15] floating algae (e. g. , *Sargassum*[16]) (见图版 15:B-1) are locally significant, as evidenced in the Sargasso Sea[17].

【注释】

[1] Bacillariophyceae 硅藻纲。由 bacillario-、phyco- 和 -eae 构成。

bacillario- 杆状的，杆状细菌的。

-eae 常做为拉丁文植物学名“纲”的词尾(但不一定总是)。

[2] Pyrrophyceae 甲藻纲。由 pyrro-、phyco- 和 -eae 构成。

pyrro- 红色，黄褐色的。

[3] Prymnesiophyceae 定鞭藻纲，定金藻纲。由 prymnesio-、phyco- 和 -eae 构成。

prymnesio- 定鞭金藻。

[4] Chrysophyceae 金藻纲。由 chryso-、phyco- 和 -eae 构成。

chryso- 金黄色，黄金。

① *Chrysamoeba* 金变形藻属。由 chryso- 和 amoeba(*n.* 变形虫，变形细胞)构成。

② *Chrysocapsa* 金囊藻属。由 chryso- 和 -capsa(具有囊状结构的生物)构成。

③ *Chrysotheca* 金壳藻属。由 chryso- 和 theca (*n.* 壳，鞘，套，膜，囊)构成。

[5] lagoon *n.* 礁湖，泻湖(被沙洲与外海隔开的海岸湖)。

[6] embayment *n.* 港湾。

[7] euglenoid *n.* & *adj.* 裸藻(的)。

[8] Euglenophyceae 裸藻纲。由 eugleno-、phyco- 和 -eae 构成。

[9] Chlorophyceae 绿藻纲。由 chloro-、phyco- 和 -eae 构成。

chloro- 绿，氯。如：

① chlorophyte *n.* 绿藻。由 chloro- 和 -phyte 构成。

② chlorethanol *n.* 氯乙醇。由 chloro- 和 ethanol (*n.* 乙醇)构成。

③ *Chlorogloea* 绿胶藻属。由 chloro- 和 -gloea (胶)构成。

[10] Cyanophyceae 蓝藻纲。由 cyano-、phyco- 和 -eae 构成。

cyano- 青紫，蓝色。

[11] phytoflagellate *n.* 植物鞭毛虫，鞭毛藻。由 phyto-和 flagellate 构成。

[12] Haptophyceae(＝Prymnesiophyceae)定鞭藻纲，定金藻纲。由 hapto-、phyco- 和 -eae 构成。

hapto- 接触，结合。如：

① haptoglobin *n.* 结合珠蛋白(globin *n.* 珠蛋白)。

② haptor *n.* (生物的)吸盘、附着器。

③ haptospore *n.* 附着孢子 (spore *n.* 孢子)。

[13] macroalgae *n.* 大型藻类。由 macro- 和 algae 构成。
alga 海藻(包括大型藻类和单细胞藻类)。复数是:algae。

[14] vascular *adj.* 血管的,维管(植物)的。

[15] macroscopic *adj.* 肉眼可见的,宏观的。

[16] *Sargassum* 马尾藻属。

[17] Sargasso Sea 马尾藻海。

A. Major Taxonomic Groups

1. Diatoms

Among the most important constituents of phytoplankton communities worldwide are diatoms, the dominant taxonomic group in the oceans (见图版 1). These highly productive, diminutive[1] plants, typically ranging in size from 10 to 200 μm, secrete an external siliceous skeleton (pectin impregnated with silica) called a frustule[2], which is composed of two minute valves[3] in a "pillbox"[4] arrangement. Diatoms occur as single cells or chains of cells floating in the water column or attached to surfaces. The planktonic forms are principally centric diatoms[5] characterized by circular or spherical tests[6]. Three orders are known in this class. They are Coscinodiscales[7] (见图版 1:A), Rhizosoleniales[8] (见图版 1:B) and Biddulphiales[9] (见图版 1:C). Pennate diatoms[10] typified by oblong or elongate tests. Most of the pennates are benthic but some species are typically planktonic and these frequently form chains. From the order Diatomales[11] we may mention the genera: *Thalassiothrix*[12] (见图版 1:D), *Thalassionema*, *Asterionella*[13] (见图版 1:E-2) and *Nitzschia*[14] (见图版 1:E-1) from the order Naviculales[15].

Although ubiquitous in the oceans, diatoms attain greatest abundance in high-latitude polar regions, in the neritic zone of boreal and temperate waters, and in nutrient-rich upwelling areas. Sedimented frustules underlying waters of high fertility often form extensive seafloor deposits[16] termed diatomaceous oozes[17]. In some waters, the diatoms are so abundant that they may comprise more than 90% of the suspended silica in the water column.

【注释】

[1] diminutive *adj*. 小型的。

[2] frustule *n*. 硅藻的细胞壁,藻壳。

[3] valve *n*. 瓣,壳面。

[4] pillbox *n*. (药的)胶囊。注:两个壳面像药的胶囊那样装在一起。

[5] centric diatom 中心硅藻纲的硅藻。

[6] test *n*. 试验,检验,甲壳,介壳。

[7] Coscinodiscales 圆筛藻目。由 coscinodisc- 和 -ales (拉丁文植物学名"目"的词尾)构成。

[8] Rhizosoleniales 根管藻目。由 rhizo-、soleni-(管,槽)和 -ales 构成。
rhizo- 根。如:

① *Rhizostoma* 根口水母属。由 rhizo- 和 stoma (*n*. 口,小孔)构成。

② rhizobium *n*. 根瘤细菌。由 rhizo- 和 -bium(具有特定生活方式的生物)构成。

③ *Rhizomologula* 根皮海鞘属。由 rhizo- 和 *Mologula*(皮海鞘属)构成。

[9] Biddulphiales 盒形藻目。

[10] pennate diatom 羽纹硅藻纲的硅藻。
pennate *adj*. 有羽的,有羽纹的。

[11] Diatomales 等片藻目。

[12] *Thalassiothrix* 海毛藻属。由 thalassio- 和 -thrix(毛)构成。
thalassio-(或 thalasso-)海,海洋。如:

① *Thalassionema* 海线藻属。由 thalassio- 和 -nema(似"丝"或"线"的生物)构成。

② thalassogenesis *n*. 造海运动。由 thalasso- 和 genesis(*n*. 起源,发生)构成。

③ thalassophyte *n.* 海生植物,海藻。由 thalasso- 和 -phyte 构成。

④ thalassography *n.* 海洋学。由 thalasso- 和-graphy(特定领域中的"著作"、"学问")构成。

[13] *Asterionella* 星杆藻属。

[14] *Nitzschia* 菱形藻属。

[15] Naviculales 舟形藻目。由 navicul- (舟,航海)和 -ales 构成。

[16] deposit *n.* 沉积物。

[17] diatomaceous ooze 硅藻软泥。

diatomaceous *adj.* 硅藻的。

2. Dinoflagellates

These widespread unicellular, biflagellated[1] planktonic algae are second to the diatoms in total marine abundance (见图版 2). However, in some areas, blooms[2] of dinoflagellates exceed diatom numbers. Dinoflagellates frequently dominate phytoplankton communities in subtropical and tropical waters, and they are major components of temperate and boreal autumnal assemblages.

Many dinoflagellates are not strict autotrophs. About 50% of them lack chloroplasts[3] and carry out heterotrophic production. Others are mixotrophs[4] obtaining energy from both autotrophic and heterotrophic processes. Some species are parasitic or symbiotic.

Dinoflagellates generally range in size from ~5 to 100 μm. When conditions are favorable, they reproduce rapidly. Dinoflagellate blooms, exceeding 10^6 cells/l , commonly develop in estuaries and coastal lagoons during the warmer months of the year. These blooms impart a reddish-brown color to the water and generate the so-called red tides. Antimetabolites[5] were isolated from cells of red tide algae. In systems with poor water circulation, dinoflagellate blooms can also contribute to severe oxygen depletion, leading to anoxia[6] or hypoxia[7], which threatens entire biotic communities.

Some dinoflagellates【e. g. , certain species of *Alexandrium*[8] (见图

版2:E), *Gymnodinium*[9](见图版2:B-1), and *Pyrodinium*[10]】produce neurotoxins[11] that commonly cause mass mortality[12] of fish, shellfish[13], and other living resources. Toxic red-tide blooms can be particularly devastating to estuarine and marine organisms. Saxitoxin[14], a potent neurotoxin, is responsible for paralytic shellfish poisoning, a neurological disorder in humans resulting from the consumption of contaminated shellfish. This disorder is often fatal.

【注释】

[1] biflagellated *adj*. 双鞭毛的。由 bi- 和 flagellated 构成。
  bi- 双。
  flagellated *adj*. 有鞭毛的。
[2] bloom *n*. 水华,大量繁殖。
[3] chloroplast *n*. 叶绿体。由 chloro- 和-plast 构成。
  chloro- 绿。
  -plast 质体,材料。
[4] mixotroph *n*. 兼养生物。由 mixo- 和 troph 构成。
  mixo- 混合的。
[5] antimetabolite *n*. 抗代谢物。由 anti- 和 metabolite (*n*. 代谢物)构成。
  anti- 反,抵销,防止。如:
  ① antitrade = countertrade *n*. 反信风。由 anti- 和 trade 构成。trade 常见的意思“贸易,交易”。在海洋学上则译为“信风”。如:trade drift 信风漂流,trade currents 信风海流。
  ② antibiotic *adj*. 抗生的。由 anti- 和 biotic 构成。
  ③ antifouling *adj*.、*v*. & *n*. 防污损。由 anti- 和 fouling 构成。
[6] anoxia *n*. 缺氧症。
[7] hypoxia *n*. 组织缺氧,氧不足。
[8] *Alexandrium* 亚历山大藻属。
[9] *Gymnodinium* 裸甲藻属。
[10] *Pyrodinium* 甲藻中的一个属。
[11] neurotoxin *n*. 神经毒素。由 neuro- 和 toxin 构成。
  neuro- 神经。如:

① neurochord *n.* 神经索。由 neuro- 和 -chord(索,带)构成。

② neurocyte *n.* 神经细胞。由 neuro- 和-cyte(细胞)构成。

③ neurotubule *n.* 神经小管,神经细管。由 neuro- 和 tubule(*n.* 小管,细管)构成。

④ neuron *n.* 神经元,神经细胞,轴索,轴突。

⑤ neuroendocrine *n.* 神经内分泌。由 neuro- 和 endocrine(*n.* 内分泌)构成。

[12] mortality *n.* 死亡率。

[13] shellfish *n.* 贝类。

"贝类"的词头是 concho- 。如:conchology *n.* 贝类学。由 concho- 和 -ology 构成。

conch *n.* 风螺,贝壳。

[14] saxitoxin *n.* 贝类毒素。由 saxi-和 toxin 构成。

saxi- 岩石(延伸为"贝类")。

3. Coccolithophores

A substantial fraction of the nanoplankton in open ocean waters consists of coccolithophores, unicellular flagellated algae characterized by an external covering of small calcareous[1] plates (i. e., coccoliths[2]) (见图版 4:A). Most coccolithophores are less than 25 μm in size. Highest abundances occur in subtropical and tropical waters, although a few species reach peak numbers in colder regions. The skeletal remains of coccolithophores are a major component of calcareous oozes in the deep sea.

【注释】

[1] calcareous *adj.* 石灰质的,钙质的,含钙的。

[2] coccolith *n.* 球石。

4. Silicoflagellates

Another source of siliceous particles on the ocean floor are the skeletal remains of silicoflagellates (见图版 4:D). These unicellular, uniflagellate[1] organisms, which range from ~10 to 200 μm in size, secrete an internal skeleton of opaline[2] silica. Although found in seafloor sediments of all the major ocean basins, silicoflagellates are most numerous in cold, nutrient-rich regions. However, they generally do not constitute a major fraction of siliceous oozes.

【注释】

[1] uniflagellate *adj*. 单鞭毛的。由 uni- 和 flagellate 构成。
uni- 单一。

[2] opaline *n*. 乳白色。*adj*. 蛋白石状的。

B. Primary Production and Energy Flow

More generally, the primary production in an aquatic medium is the whole organic matter produced by photosynthetic or chemosynthetic organisms. In the euphotic[1] zone of the sea, the pelagic primary production is attributed classically to phytoplankton i. e., essentially to unicellular algae. In certain waters it may be completely different. More than 80% of the primary production is due to sulphur-oxidizing chemosynthetic bacteria since the waters are poorly mixed and the deep layers which are not renewed contain hydrogen sulphide.

Annual phytoplankton production rates[2] average ~50 g C/m^2/year in open ocean waters compared with ~100 g C/m^2/year in coastal marine systems and ~300 g C/m^2/year in upwelling areas. Lowest productivity values in the oceans occur in the convergent[3] gyres[4]. Estuaries exhibit a wide range of production rates from ~5 g C/m^2/year in turbid waters to ~530 g C/m^2/year in clearer systems. In a comprehensive review, Boynton et al. showed that the mean annual phytoplankton productivity for 45 estuaries was 190 g C/m^2/year. Coastal and upwelling regions benefit from greater nutrient supplies, and thus have higher levels of productivity.

The dominant physical-chemical factors controlling phytoplankton production in marine waters are solar radiation and nutrient availability. Four aspects of solar radiation influence phytoplankton production: (1) the intensity of incident[5] light; (2) changes in light on passing from the atmosphere into the water column; (3) changes in light with increasing water depth; and (4) the utilization of radiant energy by phytoplankton. A portion of incident light is lost by scattering[6] and reflection at the sea surface. The angle of the sun, the degree of cloud cover, and the roughness[7] of the sea surface modulate the amount of light reflected at the sea surface. Absorption and scattering of light by water molecules, suspended particles, and dissolved substances further attenuate[8] light in the water column.

The amount of solar radiation reaching the sea surface is strongly latitude dependent, being lowest at the poles and highest in the tropics. Seasonal variations in illumination with latitude contribute to different seasonal phytoplankton production patterns in tropical, subtropical, temperate, boreal, and polar regions. However, other factors, particularly essential nutrient availability, also influence these patterns. For example, low nutrient concentrations in the euphotic zone of tropical waters cause relatively low phytoplankton productivity despite high light intensity year-round[9]. In contrast, reasonably high nutrient availability in polar waters is offset by reduced solar radiation, which also limits phytoplankton productivity. Mid-latitude regions, typified by more favorable light and nutrient conditions, generally display peak annual productivity levels.

【注释】

[1] euphotic *adj.* 透光层的，真光层的。由 eu- 和 photic（*adj.* 光的）构成。

eu- 真的。如：

① Eucalanidae（甲壳动物桡足亚纲的）真哲水蚤科。由 eu- 和 Calanidae（哲水蚤科）构成。

② Euchaetidae 真刺水蚤科。由 eu-、chaeto-（刺毛）和 -idae（拉丁文动物学名“科”的词尾）构成。

③ Eucladocera 真枝角亚目(属甲壳动物纲鳃足亚纲)。由 eu- 和 Cladocera(枝角目)构成。

④ eukaryota *n.* 真核生物。由 eu- 和 karyota (*n.* 有核细胞)。

[2] rate *n.* 速度,比率;*v.* 估计。

[3] convergent *adj.* 辐合的。

[4] gyre *n.* 回旋,环流,涡流。

[5] incident *n.* 事件。*adj.* 入射。

[6] scattering *n.* 散射。

[7] roughness *n.* 糙度(即:波浪扰动的情况)。

[8] attenuate *v.* 消弱。

[9] year-round 整年。

Other physical factors must also be considered. For instance, vertical mixing greatly affects the distribution of nutrients in the water column, and hence phytoplankton productivity. The development of a thermocline[1] during spring in temperate regions isolates the mixed layer in the photic zone, leading to phytoplankton blooms. Increased light triggers these seasonal events.

The major nutrient elements include nitrogen, phosphorus, and silicon. Of these three elements, nitrogen (as nitrate, NO_3^-) and phosphorus (as phosphate, PO_4^{3-}) have the greatest impact on primary productivity; both are necessary for survival of autotrophs, yet exist in very small concentrations in seawater. For example, nitrate levels in seawater amount to ~1 μg-atom/l or less and rarely exceed 25 μg-atom/l, whereas phosphate values usually range from 0 to 3 μg-atom/l. Silicon, when present in very low concentrations, represses metabolic activity of the cell and can limit phytoplankton production. It represents an essential element for the skeletal growth of diatoms, as well as radiolarians[2] and certain sponges. Elements other than nitrogen and phosphorus also are required by autotrophs, but their availability usually does not limit growth. These encompass the major elements (e. g. , calcium[3], carbon, magnesium[4], oxygen, and potassium[5]), minor and trace elements (e. g. , cobalt[6], copper[7], iron, molybdenum[8], vanadium[9], and zinc[10]), and organic nutrients (e. g., biotin[11], cobalamine[12], and thiamine[13]). Some trace metals (e. g., copper and zinc), however, can be toxic to phytoplankton even at low concentrations and, consequently, may hinder their productivity.

There has long been criticism of all the quantitative techniques involved in primary production including the counting of cells, the estimation of chlorophyll[14], the estimation of plant matter in the water; all these give only the quantity of phytoplankton at the moment of sampling, i. e., the standing stock[15]. From an ecological point of view the biomass at any given time is much less interesting than the production of new organic matter.

【注释】

[1] thermocline *n.* 温跃层。由 thermo- 和 -cline(斜坡,梯度)构成。
thermo- 温度,热。如:
① thermodynamics *n.* 热力学。由 thermo- 和 dynamics 构成。
② thermometer *n.* 温度计。由 thermo- 和 meter(*n.* 计,表)构成 。
③ thermophile *n.* 喜温生物。由 thermo- 和-phile 构成。

[2] radiolarian *n.* & *adj.* 放射虫(的)。放射虫的拉丁文学名为:Radiolaria(放射虫亚纲)。

[3] calcium *n.* 钙。

[4] magnesium *n.* 镁。

[5] potassium *n.* 钾。

[6] cobalt *n.* 钴。

[7] copper *n.* 铜。

[8] molybdenum *n.* 钼。

[9] vanadium *n.* 钒。

[10] zinc *n.* 锌。

[11] biotin *n.* 生物素,维生素 H。

[12] cobalamine(=cobalamin) *n.* 维生素 B_{12},钴胺素,外源因素。

[13] thiamine *n.* 硫胺(维生素 B1)。

[14] chlorophyll *n.* 叶绿素。由 chloro- 和 -phyll 构成。

-phyll 叶。如：

① chrysophyll *n.* 金叶素；*adj.* 金色叶的。由 chryso- 和 -phyll 构成。

② microphyll *n.* 小型叶，小叶植物。由 micro- 和 -phyll 构成。

[15] standing stock 现存量。

standing 常用意思是“直立的，站着的”。

stock *n.* 库存量，储存量。

又如：standing population 现存种群（population *n.* 种群）。

The idea of yield or energy efficiency in primary production has given rise to much discussion. This is particularly useful for comparing the production of two given zones, after eliminating the differences in the light energy received.

Since the light energy is expressed in calories[1] per unit surface per unit time, it will also be necessary to use this mode of expression for production which is usually given in mg $C/m^2/day$. It will also be necessary to know the calorific value of the phytoplankton. Platt estimated it for St. Margaret's Bay[2] (near Halifax[3]) as 15.8 kcal/g of carbon. The mean value of the production per unit of radiation ($kcal/m^2/h$) in this bay was 4.58×10^{-4} ($g\ C/m^2/h$)/($kcal/m^2/h$), and the primary production for 1 m^2 corresponds, therefore, to 0.72% of the light energy in the visible spectrum[4] received at the surface (equal to half of the total energy). It varies during the year, attaining 0.92% in the summer, which is close to the value of 0.88% obtained by Patten near New-York.

Platt, from theoretical considerations, compared the energy efficiency with the extinction coefficient[5] and the total extinction coefficient then becomes the sum of two coefficients:

$$K = K_b + K_p$$

Where K_b represents the biological contributions, i.e., the fraction of available light absorbed by photosynthesis and K_p the physical contribution which is much more important.

The coefficient K_b is calculated to a sufficient approximation from the following equation:

$$K_b = -\ln\left(1 - \frac{P_z}{I_z}\right)$$

where P_z is the production expressed in cal/m^3 between the level z and the level $z+1$ and I_z is the irradiance[6] at the level z. In two stations in St. Margaret's Bay, Platt obtained values of K_b ranging from 0.0001 to 0.006, linearly related, for a given level, to the amount of chlorophyll; the total extinction coefficient is from 0.10 to 0.15 and most frequently K_b represents 0.5 to 0.1% of this coefficient.

Finally, to understand the ecosystem one should distinguish, according to Davis, between the circulation of materials and energy flow. The distinction begins at the net production level; Davis separated the net rate of the synthesis of organic matter (net organic primary production $= P_{no}$) and the net rate of formation and storage of chemical energy (net energetic primary production $= P_{ne}$).

On the one hand, we have, therefore,

$$P_{no} = P_{ho} - R_o - L_o$$

where $P_{ho}=$ gross photosynthetic production of carbohydrates;

$R_o=$ catabolic destruction by respiration;

$L_o=$ loss by diffusion out of the cells,

and on the other hand:

$$P_{ne} = P_{he} - R_e - L_e + S_e$$

where $P_{he}=$ gross formation of potential energy by photosynthesis;

$R_e=$ catabolic loss of energy;

$L_e=$ loss of energy by diffusion of metabolites;

$S_e=$ energy demand for cellular synthesis of metabolites other than carbohydrates,

P_{ho} is proportional to P_{he} but it is not the same for P_{no} and P_{ne}; the ratio between R_o and R_e varies according to the metabolites used for respiration; the oxidation of 1 g of carbohydrates gives 4 cal and of 1 g of lipids, 9 cal. It is the same for the ratio between L_o and L_e which varies according to the nature of the diffusing metabolites.

This distinction between energy flow and circulation of the matter, although only of theoretical importance, is nevertheless, important. Photosynthesis, due to solar energy, raises the energetic level of the matter which afterwards circulates in the alimentary chain by degradation of the energy received; while the matter will be able to circulate for a more or less long time in the ecosystem, the energy will run in it in an irreversible flow (McFadyen, 1963 in Jaeques, 1970).

【注释】

[1] calorie *n.* 卡路里。

[2] St. Margaret's Bay 圣玛格丽特湾。

[3] Halifax *n.* 哈利法克斯港(位于加拿大大西洋沿岸)。

[4] visible spectrum 可见光谱。

[5] extinction coefficient 消光系数。

[6] irradiance *n.* 辐照度。

C. Phytoplankton Bloom and Sverdrup Theory[1]

Phytoplankton bloom occurs when the abundance of phytoplankton increases rapidly. Although many factors are involved in phytoplankton blooming, we have to credit Sverdrup (1953) with an attempt to explain and put into equations the required conditions for phytoplankton bloom. Sverdrup defined as the critical depth[2] D_{cr}, the depth at which $P = R$, and assumed the existence in the surface of a well mixed layer of depth D_m, where the phytoplankton has a homogeneous distribution independent of the adjacent waters. As this homogeneous superficial layer becomes thinner relative to the critical depth, more of the phytoplankton will multiply[3] rapidly. When this increase becomes very rapid the outburst[4] will take place. Sverdrup gives the following approximate equation for this critical depth.

$$D_{cr} = \frac{\overline{I_e}}{K I_c}$$

Where K is the extinction coefficient, I_c is the irradiance of the compensation depth, and $\overline{I_e}$ the algebraic mean[5] of the luminous energy[6] which passes the surface. Sverdrup applied his theory to the results obtained in 1949 by a weather ship located at the point M in the Norwegian sea. Fig. 2-3-1 shows the results obtained. It is only at the beginning of April that the lower limit of the homogeneous superficial water passes the critical depth and this coincides with the first important development of phytoplankton, which exceeds over 20000 cells/1. During April the bottom of the mixed superficial layer oscillates[7] from one side of the critical depth to the other and the phytoplankton population is almost stable. From the 10th of May the lower limit of the homogeneous layer exceeds the critical depth and phytoplankton shows a new outburst, doubling its density. The agreement between the theory and the facts seems to be striking. Marshall (1958) confirmed this agreement for the Arctic zone and Atlantic waters. His data are given in Table 2-3-1. For the Arctic waters the critical depth exceeds the depth of the mixed layer in March-April, and it is during this period that the spring outburst begins. In Atlantic waters, the production only begins later in May or June, but it is only in May and mainly in June that the depth of the homogeneous layer becomes less than the critical depth. Finally, the observation that the retreat of the ice is followed by a phytoplanktonic blooming is also explained by this theory, since the melt water forms a light layer of 10～25 m thick, much less than the critical depth.

Table 2-3-1 **Comparison of the Critical Depth and the Depth of the Homogeneous Surface Layer** (**after Marshall**, 1958).

Month		November-February	March-April	May	June	July-October
Critical Depth		0.5 m	30～170 m	140～190 m	190～240 m	270～300 m
Depth of Homogeneous Layer	Arctic Water Station	75 m	50 m	25 m	25 m	30～60 m
	Atlantic Water Station	>200 m	>200 m	>150 m	25～75 m	40～80 m

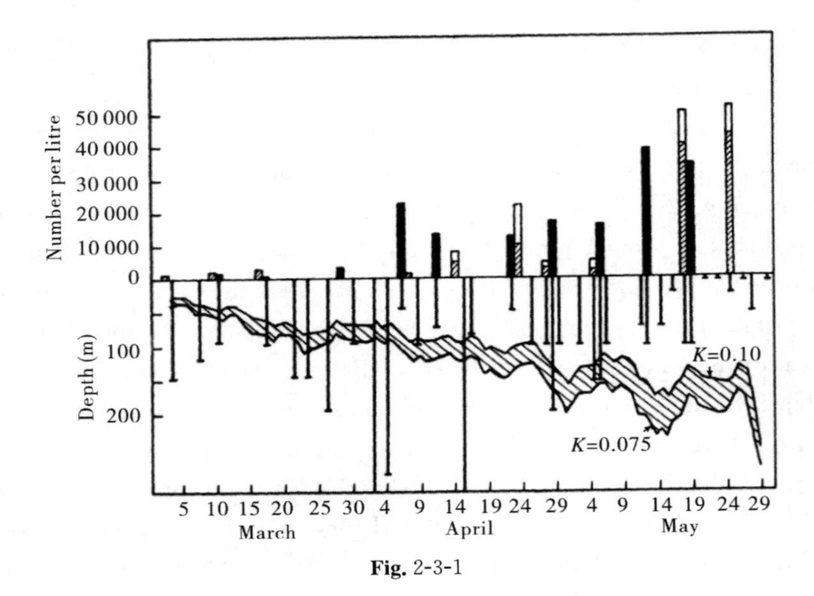

Fig. 2-3-1

Fig. 2-3-1 Results of observations at Weather Ship M (66° N, 2° E) from March to May 1949: upper, solid, phytoplankton, number of cells/1; shaded, copepods; clear, nauplius; for these two groups using the same scale, at the left, which corresponds in these cases to number in a vertical sample from 0 to 100 m; lower, vertical lines represent the thickness of the superficial mixed layer (from 0 to D_m) and the curves fringing the shaded zone represent the critical depth, D_{cr}, calculated for two values of the extinction coefficient ($K = 0.1$ and $K = 0.075$) between which the probable value is found (after Sverdrup, 1953).

【注释】

[1] Sverdrup Theory 斯韦尔德鲁普理论。

[2] critical depth 临界深度。

[3] multiply *v.* 增殖。

[4] outburst *n.* 爆发【意指 bloom (水华)】。

[5] algebraic mean 代数(算术)平均数。

[6] luminous energy 光能。

[7] oscillate *v.* 摆动，振荡。

A-1圆筛藻
(*Coscinodiscus* sp.)

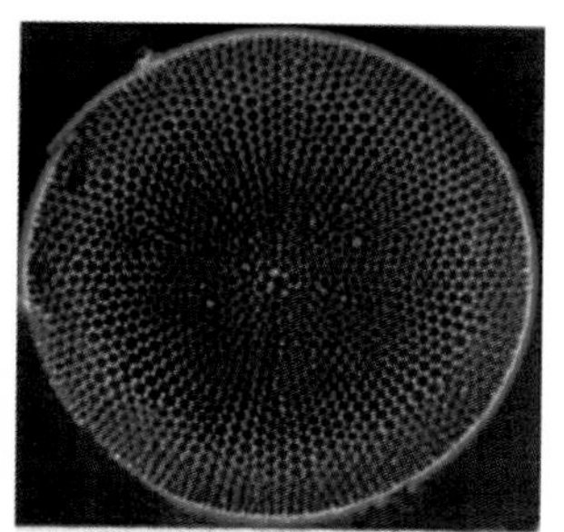
A-2 星脐圆筛藻
(*C. asteromphalus*)

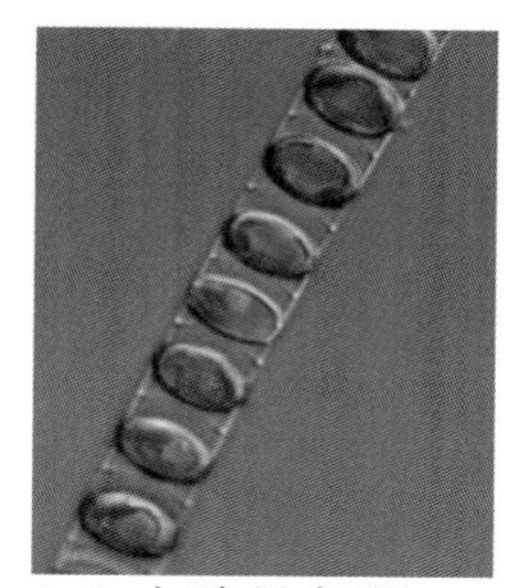
A-3 中肋骨条藻
(*Skeletonema costatum*)

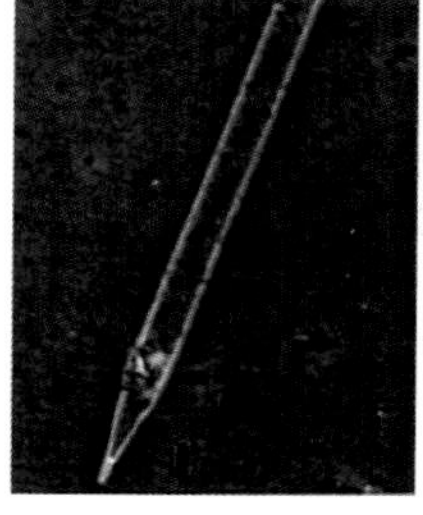
B 伯氏根管藻
(*Rhizosolenia bergonii*)

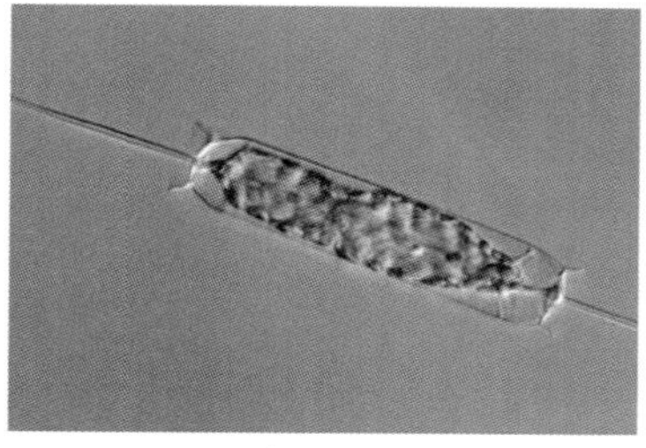
C-1 布氏双尾藻
(*Ditylum brightwellii*)

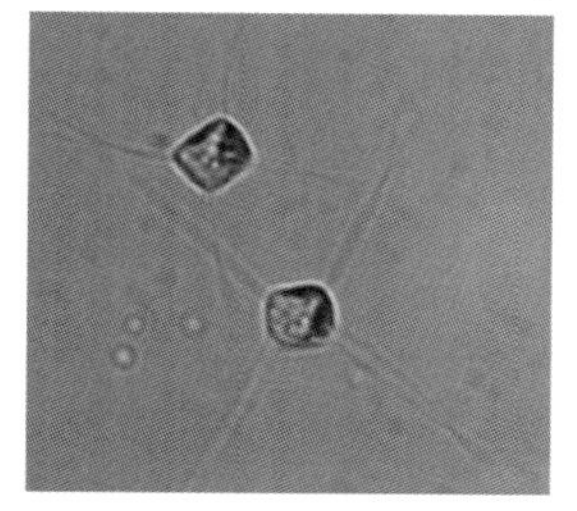
C-2 纤细角毛藻
(*Chaetoceros gracilis*)

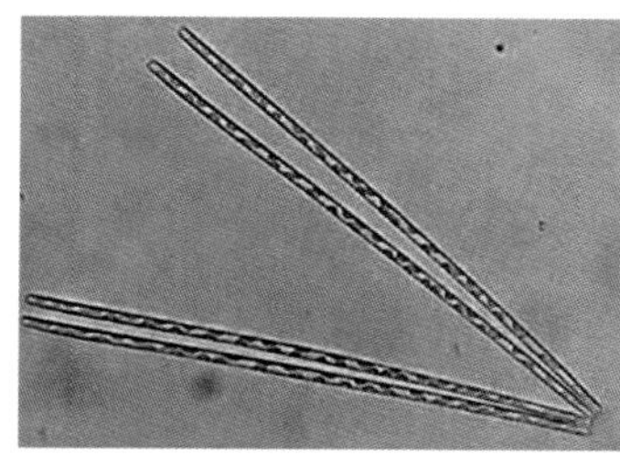
D 海毛藻
(*Thalassiothrix* sp.)

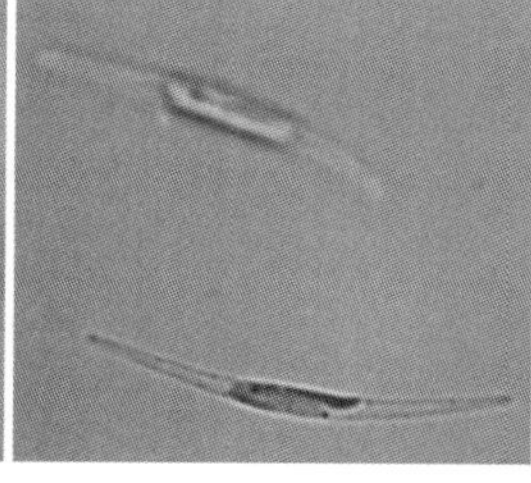
E-1 小新月菱形藻
(*Nitzschia closterium f. minutissima*)

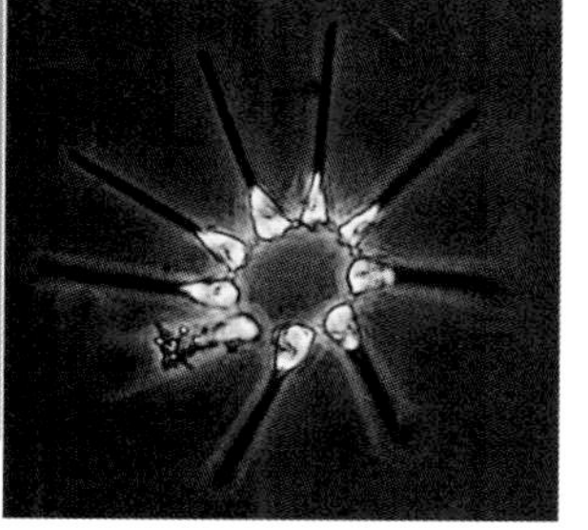
E-2 冰河星杆藻
(*Asterionella glacialis*)

图版1 浮游植物的主要代表（一）

硅藻纲(Bacillariophyceae)

A 圆筛藻目(Coscinodiscales) B 根管藻目(Rhizosoleniales) C 盒形藻目(Biddulphiales) D 等片藻目(Diatomales) E 舟形藻目(Naviculales)

A-1 引自http://www.salem.k12.va.us
C-1 引自http://www.photomacrography.net
A-2 、B 引自黄宗国、林茂《中国海洋生物图集》2012.北京
A-3 、C-2 、E-1 引自厦门大学MEL海洋藻类保种中心
D 引自http://cyclot.sakura.ne.jp
E-2 引自http://www.avelectronics.ca

A 东海原甲藻
(*Prorocentrum donghaiense*)

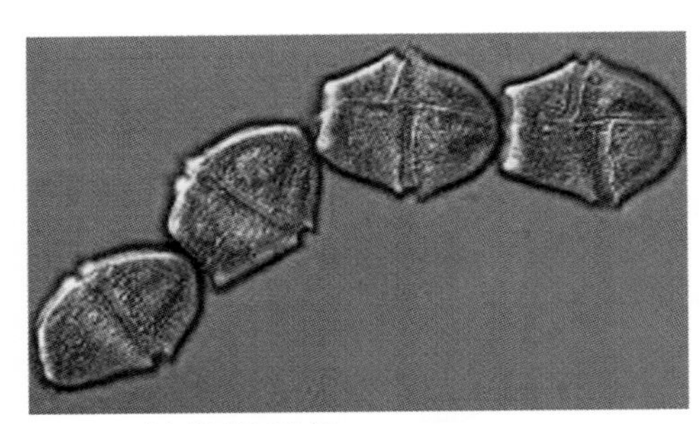

B-1 链状裸甲藻
(*Gymnodinium catenatum*)

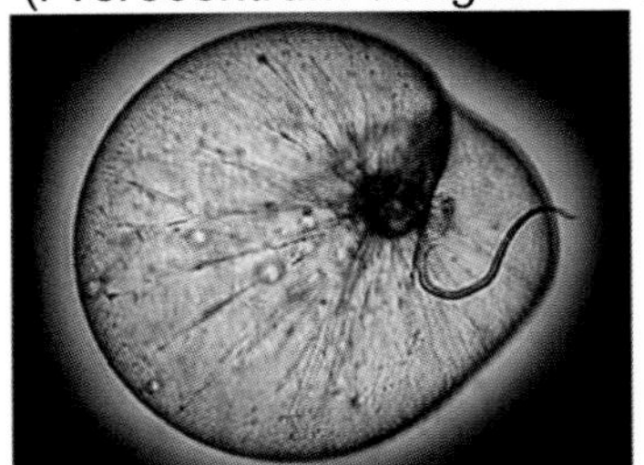

B-2 夜光藻
(*Noctilluca scintillans*)

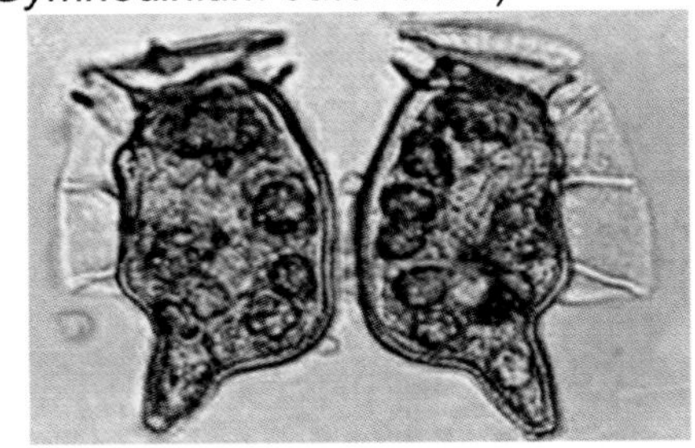

C 具尾鳍藻
(*Dinophysis caudata*)

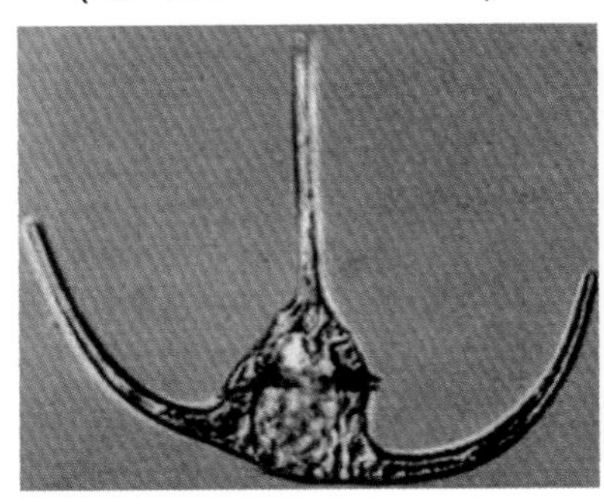

D 三角角藻
(*Ceratium tripos*)

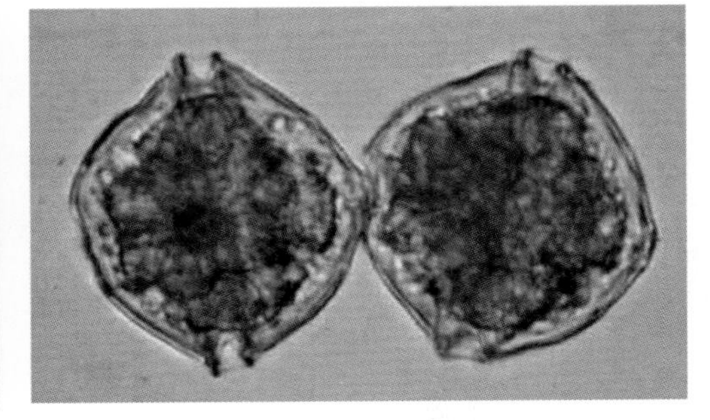

E 塔玛亚历山大藻
(*Alexandrium tamarense*)

图版2 浮游植物的主要代表（二）

甲藻纲(Pyrrophyceae)

A 原甲藻目 (Prorocentrales) B 裸甲藻目(Gymnodiniales) C 鳍藻目(Dinophysiales) D 多甲藻目(Peridiniales) E 膝沟藻目(Gonyaulacales)

A 引自厦门大学MEL海洋藻类保种中心

B-1引自http://blocs.xtec.cat

B-2 引自 http://5thgrade.ecologyofeducation.net

E 引自http://www.whoi.edu

C、D 引自黄宗国、林茂《中国海洋生物图集》2012.北京

A-1 颤藻
(*Oscillatoria* sp.)

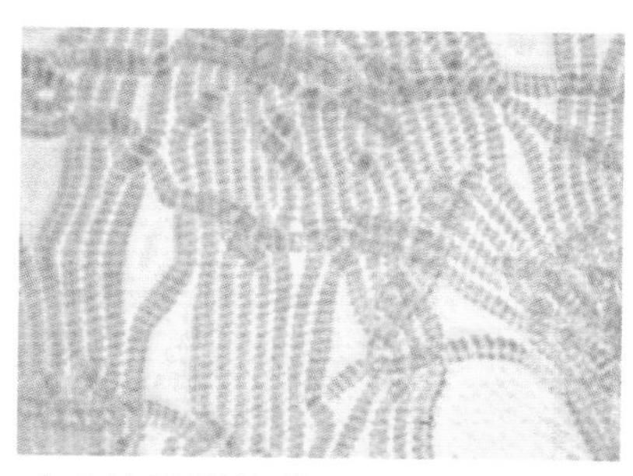
A-2盐泽螺旋藻
(*Spirulina subsalsa*)

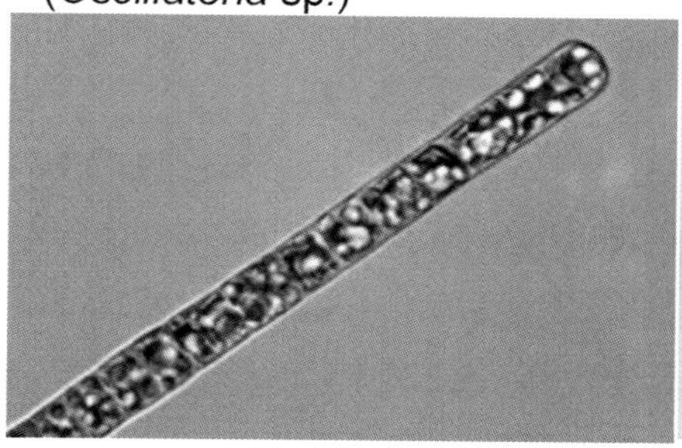
A-3 束毛藻
(*Trichodesmium* sp.)

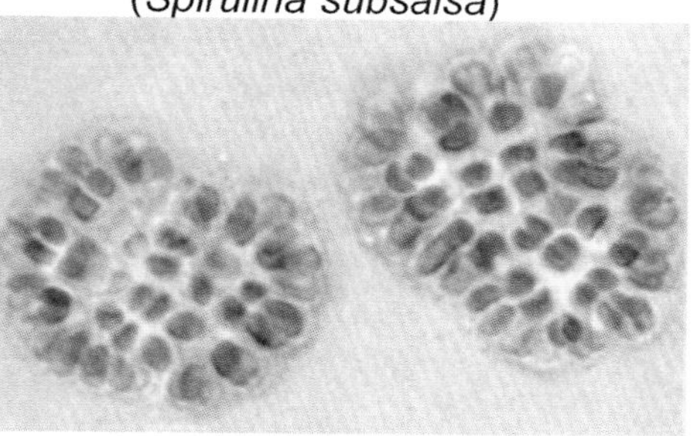
B 圆胞束球藻
(*Gomphosphaeria aponina*)

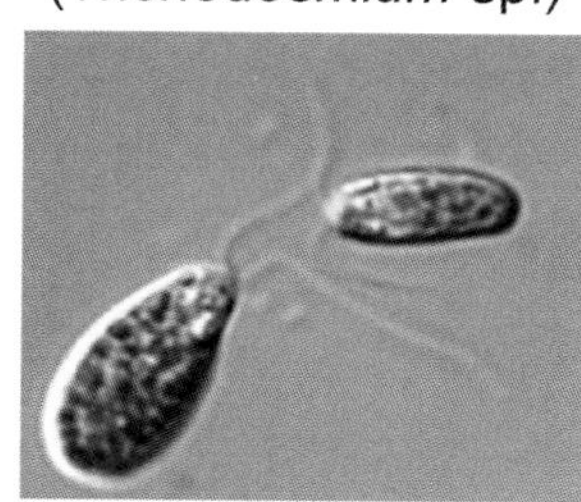
C-1 杜氏盐藻
(*Dunaliella salina*)

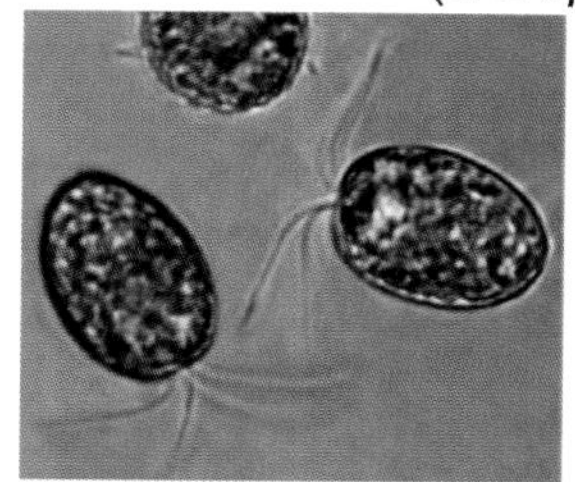
C-2 心形扁藻
(*Tetraselmis cordiformis*)

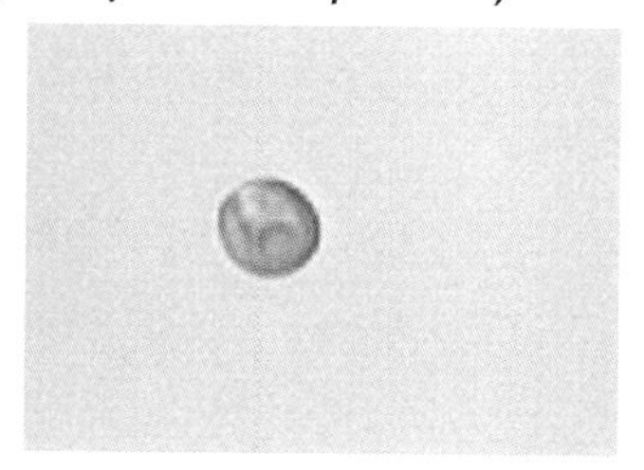
D 小球藻
(*Chlorella* sp.)

图版3 浮游植物的主要代表（三）
蓝藻纲(Cyanophyceae)：A 颤藻目(Oscillatoria) B 色球藻目(Chroococcales)
绿藻纲(Chlorophyceae)：C 团藻目 (Volvocales) D 绿球藻目(Chlorococcales)

A-1 引自 http://www.taxateca.com　　C-2 引自 http://planktonnet.awi.de
A-2、B 引自黄宗国、林茂《中国海洋生物图集》2012.北京
A-3、C-1、D 引自厦门大学海洋藻类MEL保种中心

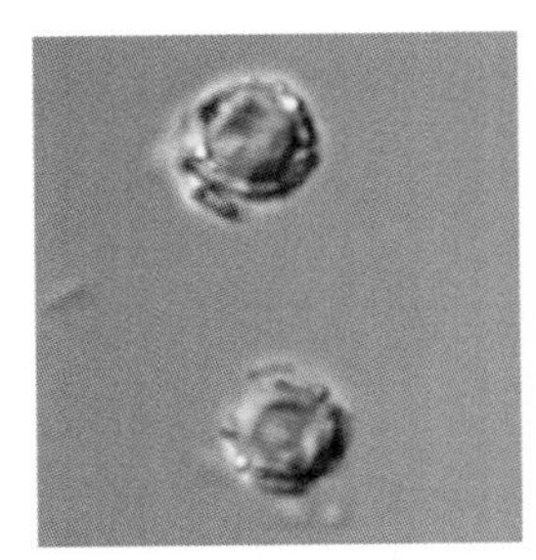

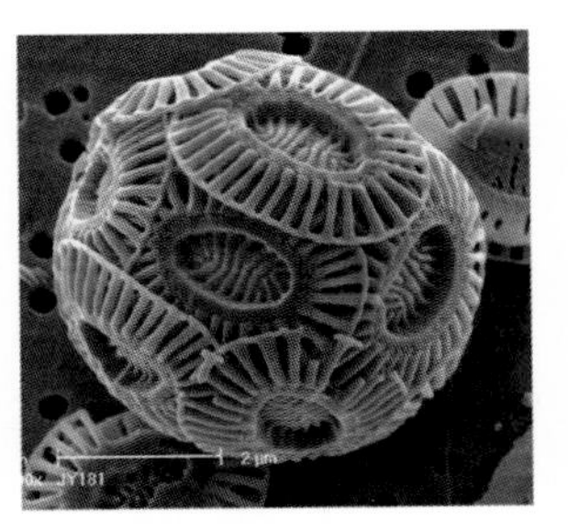

A 赫氏颗石藻 (电镜图)
(*Emiliania huxleyi*)

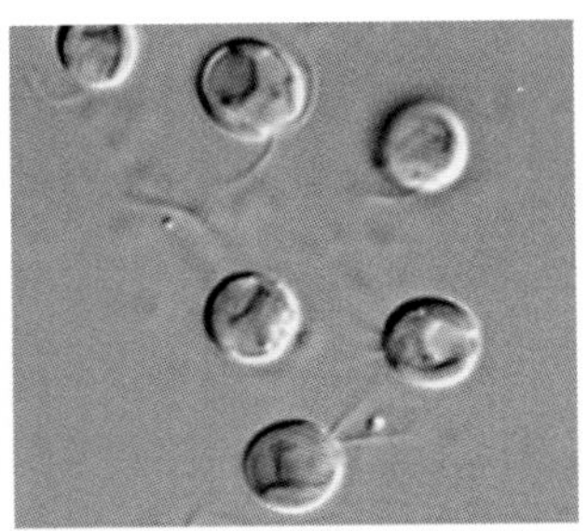

C 等鞭金藻
(*Isochrysis* sp.)

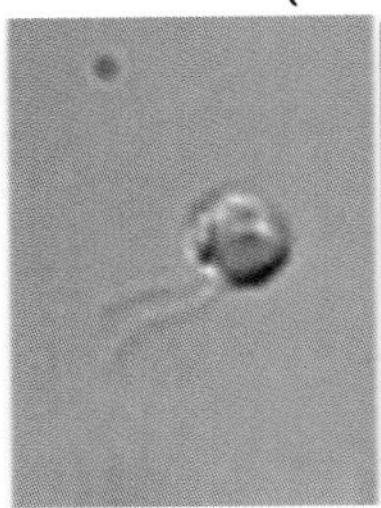

B 南极棕囊藻(单细胞和胶状群聚体)
(*Phaeocystis antarctica*)

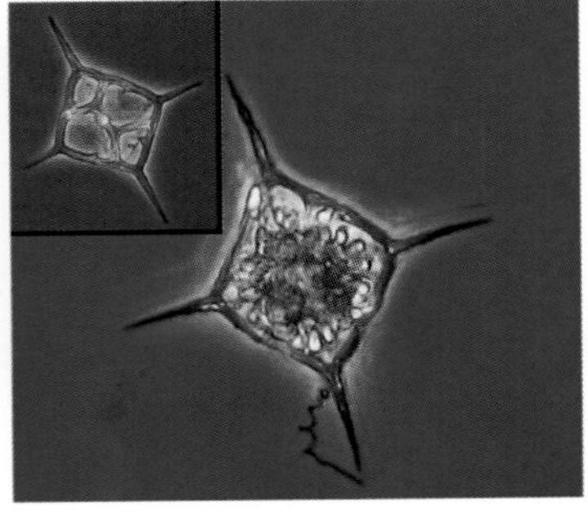

D 小等刺硅鞭藻
(*Dictyocha fibula*)

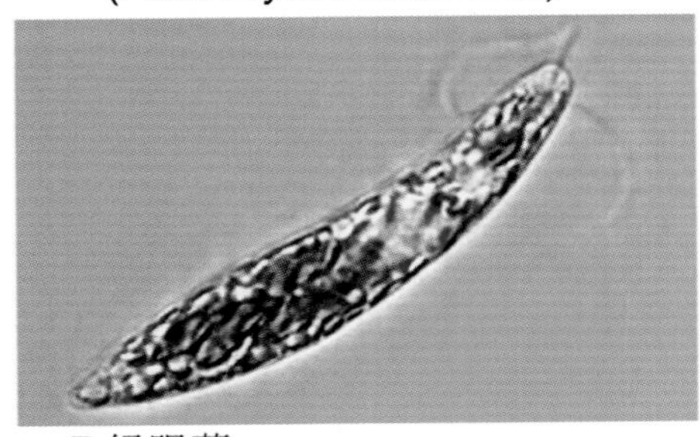

F 绿眼藻
(*Euglena viridis*)

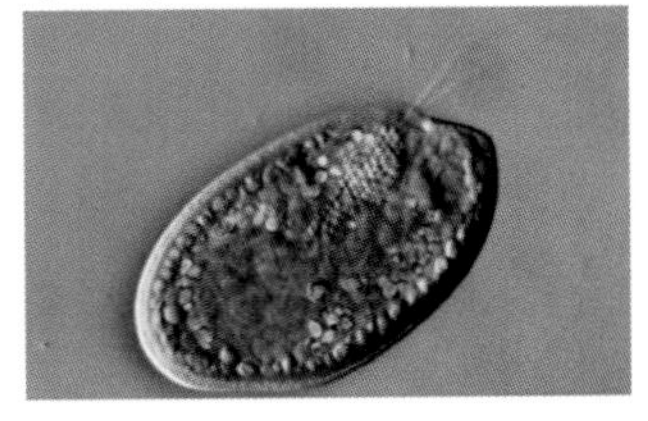

E 卵形隐藻
(*Cryptomonas ovata*)

图版4 浮游植物的主要代表（四）

定鞭藻纲(Prymnesiophyceae): A 钙板金藻目(Coccolithophrales) B 金囊藻目(Chrysocapsales) C 等鞭藻目(Isochrysidales)
金藻纲(Chrysophyceae): D 硅鞭藻目(Dictychales)
隐藻纲(Cryptophyceae): E 隐藻目(Cryptoales)
裸藻纲(Euglenophyceae): F 裸藻目(Euglenales)

A 引自厦门大学MEL海洋藻类保种中心和http://oceanworld.tamu.edu
B 引自 http://www.spp-antarktisforschung.de
C 引自 http://sccap.dk
D 引自 http://www.obs-vlfr.fr
E引自 http://www.asturnatura.com
F 引自 http:// www.blueanimalbio.com

Ⅳ. ZOOPLANKTON

As primary herbivores[1] in the sea, zooplankton serve an essential role in estuarine and marine food chains as an intermediate link between primary producers and secondary consumers. They comprise a highly diverse group of passively drifting animals. While many are strict herbivores consuming phytoplankton, others are carnivores[2], detritivores, or omnivores[3]. Some species obtain nutrition by direct uptake of dissolved organic constituents. Most zooplankton gather food via filter feeding or raptorial[4] feeding. Despite ingesting large volumes of food, zooplankton assimilate only a portion of it; the remainder is egested[5]. Zooplankton fecal[6] pellets are important components in detrital food webs of many estuarine and shallow coastal marine systems.

Zooplankton are predominantly minute, passively drifting organisms, although some forms (e.g., jellyfish) grow to several meters in size. All zooplankton have only limited mobility, and thus are easily entrained[7] in currents and occasionally transported considerable distances. Water circulation therefore, plays a significant role in the distribution of these important lower-trophic-level consumers.

【注释】

[1] herbivore *n.* 草食动物。由 herbi- 和 -vore 构成。
  herbi- 草。

[2] carnivore *n.* 肉食性动物。由 carni- 和 -vore 构成。
  carni- 肉。

[3] omnivore *n.* 杂食者。由 omni- 和 -vore 构成。
  omni- 总，全。

[4] raptorial *adj.* 捕食生物的，猛禽类的。

[5] egest *v.* 排泄。
[6] fecal *adj.* 排泄物的,粪块的。
[7] entrain *v.* 带走,乘火车。

A. Zooplankton Classifications

Zooplankton are classified based on their taxonomy, size, and length of planktonic life. Several phyla[1] generally dominate zooplankton communities in marine waters, including protozoans, cnidarians[2], mollusks[3], annelids[4], arthropods[5], echinoderms[6], chaetognaths[7], and chordates[8].

The Protozoa is divided into four classes. They are Sarcodina[9](见图版 5:A 和 B), Sporozoa[10], Ciliophora[11](见图版 5:C、D 和 E) and Suctoria[12]. A large part of the marine planktonic Protozoa belongs to the Rhizopoda[13](见图版 5:A) which is a part of the Sarcodina, their protoplasm is not limited to the interior of a rigid membrane, but can change its form and give rise to ramified expansions, the pseudopodia [14], which capture prey[15].

The Cnidaria have two layers of cells: an external (ectoderm[16]) and an internal (endoderm[17]) layer, which are separated by a gelatinous[18] non-cellular layer, the mesoglea[19]. A fundamental character of the Cnidaria is the possession[20] of stinging cells (nematocysts[21]) which inject venom[22] that paralyze their prey. Two types of medusae are mainly found in the plankton, namely Hydromedusae (见图版 6) and Scyphomedusae[23](见图版 7:A、B 和 C). The colonial Cnidaria, Siphonophora[24](见图版 6:F), belong to Hydromedusae. Among the meroplanktonic[25] Hydromedusae we find the Anthomedusae[26](见图版 6:A), the Leptomedusae[27](见图版 6:B), and the Limnomedusae[28](见图版 6:C). Among the holoplanktonic[29] Hydromedusae are the Narcomedusae[30](见图版 6:D).

【注释】
[1] phyla *n.* 门(复数)。单数是:phylum。
[2] cnidarian *n.* 刺胞动物。其拉丁文学名为:Cnidaria(刺胞动物门)。

[3] mollusk(= mollusc)*n.* 软体动物。其拉丁文学名为:Mollusca(软体动物门)。

[4] annelid *n.* 环节动物。其拉丁文学名为:Annelida(环节动物门)。

[5] arthropod *n.* 节肢动物。由 arthro- 和 -pod (足)构成。节肢动物的拉丁文学名为:Arthropoda(节肢动物门)。

arthro- 节。如:

① arthrobranch *n.*(甲壳动物所具有的)节鳃。由 arthro- 和 -branch (鳃,具有……鳃的动物)构成。

② arthron *n.* 关节。

③ arthrophyte *n.* 有节植物。由 arthro- 和-phyte 构成。

-pod 足。作词头的"足"是 podo- 如:

① podobranch *n.* (甲壳动物的)足鳃。由 podo- 和 -branch 构成。

② podocyst *n.* 足囊。由 podo- 和 -cyst 构成。

③ podogram *n.* 足印。由 podo- 和 -gram(图,记录)构成。

④ podomere *n.* 肢节,足节。由 podo- 和 -mere(节,部分,片段)构成。

⑤ podotheca *n.* 足鞘。由 podo- 和 theca(*n.* 膜,壳,囊,鞘)构成。

[6] echinoderm *n.* 棘皮动物。由 echno-和-derm 构成。棘皮动物的拉丁文学名为:Echinodermata(棘皮动物门)。

echino- 棘的,海胆。如:

① *Echinocaris* 棘叶虾属。由 echino- 和 -caris (虾)构成。

② *Echinaster* 棘海星属。由 echino- 和 aster (*n.* 海星)构成。

③ *Echinorhynchus* 棘吻虫属。由 echino-、rhynch-(鼻,吻,喙,嘴)和 -us(常做为拉丁文生物学名"属"的词尾)构成。

④ *Echinocoleum* 棘鞘藻属。由 echino-、coleo- (鞘)和 -um(常做为拉丁文生物学名"属"的词尾)构成。

⑤ *Echinus* 海胆属。由 echino- 和 -us 构成。

⑥ *Echinocardium* 心形海胆属。由 echino- 和 -cardium(心)构成。

⑦ echinochrome *n.* 海胆色素。由 echino- 和 -chrome(色素,染色的)构成。

-derm 皮肤。

[7] chaetognath *n.* 毛颚动物。由 chaeto-和-gnath 构成。毛颚动物的拉丁

文学名为:Chaetognatha(毛颚动物门)。

chaeto- 刺毛。如:

① chaet *n.* 体毛,刚毛。

② chaetopod *n.* 毛足类。由 chaeto- 和 -pod 构成。

-gnath 颌,颚。作词头时为:gnatho- 。如:

① gnathobase *n.* 颚基。由 gnatho- 和 base (*n.* 基部)构成。

② gnathocephalon *n.* 颚头部。由 gnatho- 和 cephalon(*n.* 头)构成。

③ *Gnathodentex* 齿颌鲷属。由 gnatho-、denti- 或 dento-(牙,齿)和 -ex(拉丁文生物学名的词尾)构成。

[8] chordate *n.* & *adj.* 脊索动物(的)。其拉丁文学名为:Chordata(脊索动物门)。由 chordo- 和 -ata(常为动物"门"的词尾)构成。

chordo- 索,带。如:

① chordoplasm *n.* 脊索原生质。由 chordo- 和 -plasm 构成。

② *Chordaria* 索藻属。由 chordo-和-aria (与某种东西相似的东西)构成。

[9] Sarcodina 肉足虫纲。

sarco- 肉,肌。如:

① sarcophaga(=carnivore) *n.* 食肉动物。由 sarco- 和 -phaga 构成。

② sarcoplasm *n.* 肌质,肌浆。由 sarco- 和 -plasm 构成。

③ sarcosine *n.* 肌氨酸。由 sarco- 和 -sine(素)构成。

[10] Sporozoa 孢子虫纲。由 sporo- 和 zoa 构成。

sporo-(或 spori-)孢子。如:

① sporosac *n.* 孢子囊。由 sporo- 和 sac(*n.* 囊)构成。

② sporocyte *n.* 孢母细胞。由 sporo- 和 -cyte 构成。

[11] Ciliophora(= Ciliata)纤毛虫纲。由 cilio- 和 -phora(具有特定结构的生物体)构成。

cilio- 纤毛。如:

① cilia *n.* 纤毛(复数)。单数是:cilium。

② ciliolum *n.* 小纤毛。

③ ciliogenesis *n.* 纤毛形成,纤毛发生。由 cilio- 和 genesis 构成。

[12] Suctoria 吸管纲。

[13] Rhizopoda 根足虫亚纲。由 rhizo- 和 -poda 构成。

[14] pseudopodia *n.* 伪足(复数)。单数是:pseudopodium,由 pseudo- 和 -

podium 构成。

-podium 具有特定种类的脚或类似脚的东西。

pseudo- 假,伪,拟。如:

① *Pseudeuphausia* 假磷虾属。由 pseudo- 和 *Euphausia*(磷虾属)构成。

② *Pseudopriacanthus* 拟大眼鲷属。由 pseudo-和 *Priacanthus*(大眼鲷属)构成。

[15] prey *n.* 饵料生物。

[16] ectoderm *n.* 外胚层。由 ecto- 和 -derm 构成。

ecto- 在……外。

[17] endoderm *n.* 内胚层。由 endo- 和 -derm 构成。

[18] gelatinous *adj.* 胶状的。

[19] mesoglea(= mesogloea) *n.* 中胶层。

[20] possession *n.* 有,拥有;领地。

to be the possession of …… 具有……,拥有……。

[21] nematocyst *n.* 刺丝囊,刺丝胞。由 nemato- 和 -cyst 构成。

nemato- 线,丝,刺丝。如:

① Nematomorpha 线形动物门。由 nemato- 和-morpha(具有……形态的生物)构成。

② *Nematochrysis* 金丝藻属。由 nemato-、chryso- 和 -is(拉丁文生物学名的词尾)构成。

③ nematognath *n.* 丝颌类(鱼类)。由 nemato- 和 -gnath 构成。

-cyst 囊。作词头时为 cysto- 和 cysti- 。如:

① cystid *n.*(组织学中的)囊状体。

② cystica *n.* 包囊。

③ *Cystophyllum* 囊叶藻属。由 cysto-、phyllo- (叶)和 -um 构成。

[22] venom *n.* 刺胞毒素。

[23] Scyphomedusae 钵水母纲。由 scypho- 和 medusae(*n.* 水母)构成。

scypho-(或 scyphi-)钵,环,罐。如:

① scyphistoma *n.*(钵水母的)钵口幼虫。

② scyphopolyp *n.* 钵水螅体。由 scypho- 和 polyp(*n.* 水螅体,珊瑚虫)构成。

[24] Siphonophora 管水母目。由 siphono- 和 -phora 构成。siphonophore *n*. 管水母。

siphono- 管子。如：

① siphonozooid *n*. 管状个体，管状个员(-zooid 个体，个员——群集动物中的一个)。

② Siphonocladales 管枝藻目。由 siphono-、clad-(枝，芽)和 -ales 构成。

③ siphonosome *n*. 管水母柄。由 siphono- 和 -some(体，躯体)构成。

[25] meroplanktonic *adj*. 季节浮游生物的，暂时性浮游生物的。

meroplankton *n*. 季节浮游生物，暂时性浮游生物。由 mero-和 plankton 构成。

mero- 局部。如：

① meroblast *n*. 部分卵裂。由 mero- 和 -blast(胚层，成……细胞)构成。

② meromixis *n*. 部分混合，半混合状态。由 mero-和 -mixis(融合)构成。

[26] Anthomedusae 花水母目。由 antho- 和 medusae 构成。

antho- 花，如花的。

[27] Leptomedusae 软水母目。由 lepto- 和 medusae 构成。

lepto- 小的，弱的，薄的，细的。

[28] Limnomedusae 淡水水母目。由 limno- 和 medusae 构成。

limno- 淡水湖，池塘。如：

① limnology *n*. 湖沼学。由 limno- 和 -ology 构成。如：Oceanography and Limnology 海洋与湖沼。

② limnoplankton *n*. 湖泊浮游生物，淡水浮游生物。由 limno- 和 plankton 构成。

[29] holoplanktonic *adj*. 完全浮游生物的，终生浮游生物的。

holo- 全部，完全。如：

① holometamorphosis *n*. 完全变态。由 holo- 和 metamorphosis (*n*. 变态)构成。

② holosaprophyte *n*. 全腐生物。由 holo- 和 saprophyte 构成。

③ Holotrichia (原生动物的)全毛亚纲。由 holo- 和 -trichia(具有毛、发的生物)构成。

[30] Narcomedusae 筐水母目。由 narco- 和 medusae 构成。

narco- 麻醉。

Chaetognatha(见图版 10：A) are carnivore. The digestive tract of Chaetognatha is a simple straight tube, or in some it possesses a pair of diverticula[1] in the anterior region. A large ventral[2] ganglion connected to the brain by two large connectives[3] is found in the trunk segment, usually in the anterior half. All chaetognaths are hermaphroditic[4], the ovaries[5] lying one on each side along the posterior part of the trunk coelom[6] and the paired testes[7] lying behind them in the tail segment. Mature sperm[8] are stored in lateral seminal vesicles[9] where sperm are enclosed by secretion and form spermatophore[10].

Four major size categories of zooplankton are delineated: nanozooplankton, microzooplankton, mesozooplankton, and macrozooplankton. Three groups of zooplankton are recognized based on duration of planktonic life: holoplankton, meroplankton, and tychoplankton[11].

【注释】

[1] diverticula *n.* 盲囊，支囊(复数)。单数是：diverticulum。

[2] ventral *adj.* 腹的。

ventro-(或 ventri-)腹，腹侧。如：

① ventrimeson *n.* 腹中线。由 ventri- 和 meson(*n.* 正中面)构成。

② ventrolateral *adj.* 腹外侧的。由 ventro- 和 lateral(*adj.* 侧面的)构成。

[3] connective *n.* 连接物(结缔组织)。

[4] hermaphroditic *adj.* 雌雄同体的。

[5] ovary *n.* 卵巢。

[6] coelom(= celom) *n.* 体腔。复数是：coeloms 或 coelomata。

[7] testes *n.* 精巢，睾丸(复数)。单数是：testis。

[8] sperm *n.* 精子。

[9] seminal vesicle 贮精囊。

seminal *adj.* 精液的。

vesicle *n.* 泡，囊。

[10] spermatophore *n.* 精胞。由 spermato- 和 -phore 构成。

spermato-，sperm-，sperma- 精子，种子。如：

① spermatophyte *n.* 种子植物。由 spermato- 和-phyte 构成。

② spermatocyst *n.* 精原细胞。由 spermato- 和 -cyst 构成。
③ spermatocyte *n.* 精母细胞。由 spermato- 和 -cyte 构成。
④ spermatheca *n.* 授精囊。由 sperma- 和 theca 构成。

[11] tychoplankton *n.* 池河浮游生物，偶然性浮游生物。由 tycho- 和 plankton 构成。
tycho- 偶然。

1. Classification by Size

Zooplankton forms that pass through a plankton net with a mesh size of 202 μm constitute the nanozooplankton and microzooplankton, and those forms retained by the net comprise the mesozooplankton. Still larger individuals collected by plankton nets with a mesh size of 505 μm include the macrozooplankton. Zooplankton less than ～60 μm in size consist mainly of protozoans, especially foraminiferans[1]（见图版 5：A），radiolarians（见图版 5：B），and tintinnids[2]（见图版 5：C）. In the open oceans, the tests of foraminiferans and radiolarians produce thick accumulations of *Globigerina*[3]（见图版 5：A），and radiolarian oozes in some regions. In shallow coastal marine waters and estuaries, however, copepod[4] nauplii[5] and the meroplankton of benthic invertebrates become increasingly important among these smaller size groups.

Copepods are by far the most important group of mesozooplankton in the sea in terms of absolute abundance and biomass, although rotifers[6]（见图版 10：B），cladocerans[7]（见图版 8：A），and larger meroplankton are also significant. Calanoid[8]（见图版 8：B），cyclopoid[9]（见图版 8：C），and harpacticoid[10]（见图版 8：D）copepods are abundant in estuaries worldwide. In some systems, these diminutive forms completely dominate the mesozooplankton. As such, they are critical components in the flow of energy through these valuable coastal ecosystems, serving as a vital link between phytoplankton and larger consumers.

Among the macrozooplankton, three groups are particularly notable. These include the jellyfish[11] group【i. e., hydromedusae[12], comb jellies[13]（见图版 7:D 和 E）, and true jellyfish[14]（见图版 7:A,B 和 C）】, crustaceans[15]【e. g. , amphipods[16]（见图版 9:A）, isopods[17]（见图版 9:D）, mysid[18] shrimp（见图版 9:B）, and true shrimp（见图版 9:F）】, and polychaetes[19]（见图版 11:A）. Members of the jellyfish group often reproduce rapidly in estuaries and coastal marine waters during certain seasons. Many crustacean populations follow a similar explosive[20] pattern. Krill[21]（见图版 9:C）are particularly abundant in the highly productive pelagic waters of the Antarctic. These shrimplike euphausiids[22], which measure ～2 to 5 cm in length, are a main staple[23] of whales[24] and fish.

【注释】

[1] foraminiferan *n.* & *adj.* 有孔虫(的)。其拉丁文学名为:Foraminifera 或 Foraminiferida(有孔虫目)。

[2] tintinnid *n.* & *adj.* 砂壳纤毛虫(的)。其拉丁文学名为:Tintinnididae (砂壳纤毛虫科)。

[3] *Globigerina* 抱球虫属。

[4] copepod *n.* 桡足类。其拉丁文学名为:Copepoda(桡足亚纲)。

[5] nauplii *n.* 无节幼体(复数)。单数是:nauplius。

[6] rotifer *n.* 轮虫。其拉丁文学名为:Rotifera(轮虫动物门)。

[7] cladoceran *n.* & *adj.* 枝角类(的)。其拉丁文学名为:Cladocera(枝角目)。

[8] calanoid *n.* 哲水蚤。属桡足亚纲 Calanoida (哲水蚤目)。

[9] cyclopoid *n.* 剑水蚤。属桡足亚纲 Cyclopoida (剑水蚤目)。

[10] harpacticoid *n.* 猛水蚤。属桡足亚纲 Harpacticoida(猛水蚤目)。

[11] jellyfish *n.* 水母。

[12] hydromedusae 水螅水母。其拉丁文学名为:Hydromedusae(水螅水母纲)。由 hydro- 和 medusae【*n.* 水母(复数)。单数是:medusa】构成。

[13] comb jelly 栉水母。其拉丁文学名为:Ctenophora (栉水母动物门)。

[14] true jellyfish 钵水母。其拉丁文学名为:Scyphomedusae(钵水母纲)。

[15] crustacean *n.* & *adj.* 甲壳动物(的)。其拉丁文学名为:Crustacea (甲壳纲)。Crustacea 由 crust- (甲壳,外壳)和 -acea(常做为拉丁文生物学名“纲”和“目”的词尾)构成。

[16] amphipod *n.* 端足类。其拉丁文学名为：Amphipoda（端足目）。由 amphi- 和 -poda 构成。
amphi- 双，两端，两边。

[17] isopod *n.* 等足类。其拉丁文学名为：Isopoda（等足目）。由 iso- 和 -poda 构成。
iso- 同一，相等，异构。如：
① isobath *n.*（水的）等深线。由 iso- 和 -bath（深，深度）构成。
② isocompound *n.* 异构化合物。由 iso-和 compound（*n.* 化合物）构成。
③ isoleucine *n.* 异亮氨酸。由 iso- 和 leucine（*n.* 亮氨酸）构成。
④ isoenzyme *n.* 同工酶。由 iso- 和 enzyme（*n.* 酶）构成。

[18] mysid 糠虾。属 Mysidacea（糠虾目），Mysida（糠虾亚目）。

[19] polychaete *n.* 多毛类动物。由 poly- 和 chaete（*n.* 体毛，刚毛）构成。多毛类动物的拉丁文学名为：Polychaeta（多毛纲）。
poly- 多，聚合（"聚合"的意思多用在化学名词上）。如：
polyphosphate *n.* 聚磷酸盐。由 poly- 和 phosphate（*n.* 磷酸盐）构成。

[20] explosive *adj.* 爆发性的（意：种群突然急剧增加）。

[21] krill *n.* 南极磷虾。

[22] euphausiid *n.* 磷虾。属 Euphausiacea（磷虾目），Euphausia（磷虾属）。

[23] staple *n.* 主食，原材料，来源，钉。

[24] whale *n.* 鲸。

2. Classification by Length of Planktonic Life

2.1 Holoplankton

Permanent[1] residents of the plankton are termed holoplankton. Excluding protozoans，～5000 holoplanktonic species have been described. Many of these species belong to several holoplanktonic groups such as the medusae，siphonophores（见图版 6：F），ctenophores[2]（见图版 7：D 和 E），chaetognaths（见图版 10：A），heteropods[3]（见图版 10：D），pteropods[4]（见图版 10：C），amphipods，ostracods[5]（见图版 8：E），copepods，euphausiids，and salps[6]（见图版 11：C）. Among the protozoans，commonly encountered holoplankton in the sea include the dinoflagellates，ciliates，foraminiferans，and radiolarians. The Ctenophora are simple in their structure. Like the Cnidaria they also have only two layers of cells. For a long time these two phyla were considered as one, the Coelenterata[7]. The Ctenophora differ from the Cnidaria in the absence of nematocysts, and in having adhesive cells, the colloblasts, which cling to the prey. Their shape is usually globular but their most marked character is the possession of comb-like plates arranged in eight meridian rows, each comb plate consisting of fused cilia. A mouth is present at one pole of the animal, while at the other is a statocyst[8].

In many estuaries and coastal marine waters, the principal holoplanktonic groups are copepods, cladocerans, and rotifers. Copepods often predominate with calanoids outnumbering cyclopoids and harpacticoids. Species of *Acartia*[9](见图版 8:B-2), *Eurytemora*[10], *Pseudodiaptomus*[11], and *Tortanus*[12] inhabit many estuaries. Distinct spatial distributions are evident. For example, *Eurytemora* spp. typically occur in the upper reaches[13], and *Acartia* spp. (*A. bifilosa*, *A. discaudata*, *A. hudsonica*, and *A. tonsa*) in the middle reaches. Species of *Centropages*[14], *Oithona*[15](见图版 8:C-1), *Paracalanus*[16], and *Pseudocalanus*[17] often proliferate in the lower estuary. Although estuarine species generally dominate in the upper estuary, marine forms are most abundant in the lower estuary. Species diversity tends to increase downestuary because of the influx of marine forms.

【注释】

[1] permanent *adj.* 永久的。

[2] ctenophore *n.* 栉水母。由 cteno- 和 -phore 构成。栉水母的拉丁文学名为:Ctenophora(栉水母动物门)。

cteno- 或 cteni- 栉板,梳子。如:

① Ctenostomata 栉口目。由 cteno- 和 -stomata (口)构成。

② ctenidium *n.* (软体动物的)栉鳃。

③ *Ctenogobius* 栉鰕虎鱼属。由 cteno- 和 *Gobius*(鰕虎鱼属) 构成。

[3] heteropod *n.* 异足类动物。由 hetero- 和 -pod 构成。异足类动物的拉丁文学名为:Heteropoda(异足亚目)。

[4] pteropod *n.* 翼足类动物。由 ptero- 和 -pod 构成。翼足类动物的拉丁文学名为:Pteropoda(翼足目)。

ptero- 羽,翼。

[5] ostracod *n.* 介形动物。其拉丁文学名为:Ostracoda(介形亚纲)。

[6] salp *n.* 纽鳃樽。其拉丁文学名为:*Salpa*(纽鳃樽属)。

[7] Coelenterata 腔肠动物门。由 coelo-、enter- 和 -ata 构成。

coele-(或 coelo-)腔,中空。如:

① *Coelodiscus* 空盘藻属。由 coelo-、disco-(盘)和 -us 构成。

② coelom *n.* 体腔。coelom = coelia。

③ coeloblastula *n.* 中空囊胚。由 coelo- 和 blastula(*n.* 囊胚)构成。

④ *Coelorhynchus* 腔吻鳕属。由 coelo-、rhynch- 和 -us 构成。

⑤ coeloplanula *n.* 腔体浮浪幼虫。由 coelo- 和 planula(*n.* 浮浪幼虫)构成。

entero- 肠。如:

① enteron *n.* 肠,消化道。

② Enteropneusta 肠鳃纲。由 entero- 和 -pneusta(具有特定呼吸方式的动物)构成。

③ enterocoele *n.* 肠体腔。由 entero- 和 -coele(体腔)构成。

④ enterobacterium *n.* 肠杆菌。由 entero- 和 bacterium(*n.* 细菌)构成。

⑤ enterokinase *n.* 肠激酶。由 entero- 和 kinase(*n.* 激酶)构成。

⑥ enteroderm *n.* 消化道内胚层。由 entero- 和 -derm 构成。

[8] statocyst *n.* 平衡囊。由 stato- 和 -cyst 构成。

stato- 平衡,静止。如:

① statoreceptor *n.* 平衡感受器。由 stato- 和 receptor(*n.* 受体,感受器)构成。

② statolith *n.* 平衡石。由 stato- 和 -lith(石头)构成。

③ statospore *n.* 休眠孢。由 stato- 和 spore 构成。

[9] *Acartia* 纺锤(镖)水蚤属。

[10] *Eurytemora* 真宽(镖)水蚤属。

[11] *Pseudodiaptomus* 伪(镖)水蚤属。由 pseudo- 和 *Diaptomus* 构成。

pseudo- 伪,拟。

[12] *Tortanus* 歪(镖)水蚤属。

[13] reach *n.* 区域;*v.* 到达。

[14] *Centropages* 胸刺水蚤属。

[15] *Oithona* 长腹剑水蚤属。

[16] *Paracalanus* 拟哲(镖)水蚤属。由 para- 和 *Calanus* 构成。

para- 拟,副(意与真型极类似的东西)。如:

① *Parapenaeus* 拟对虾属。由 para- 和 *Penaeus* (对虾属)构成。

② *Parachaetodon* 副蝴蝶鱼属。由 para- 和 *Chaetodon*(蝴蝶鱼属)构成。

③ *Paraclione* 拟海若螺属。由 para- 和 *Clione*(海若螺属)构成。

[17] *Pseudocalanus* 伪哲(镖)水蚤属。由 pseudo- 和 *Calanus* 构成。

2.2 Meroplankton

Many benthic invertebrates[1], benthic chordates , and fish remain planktonic for only a portion of their life cycle, and hence comprise the meroplankton. About 70% of all benthic marine invertebrate species have a meroplanktonic life stage. The eggs and larvae[2] of some of these populations often dominate the meroplankton in estuaries and shallow coastal marine waters. Fish eggs and fish larvae (i. e. , ichthyoplankton[3]) are also numerous in these systems. Most estuarine and marine fishes produce planktonic eggs and/or larvae. Leiby discusses the methods by which the eggs and larvae of estuarine and marine fishes enter the planktonic community.

There are numerous larvae of benthic and nectonic organisms.

The Echinodermata[4] have numbers of larval forms, characterized by bilateral symmetry[5], while the adult itself shows a five-fold radial symmetry[6]. Sea urchins[7](见图版 25:B) have a pluteus[8] larva (见图版 13:B), which has the shape of[9] a pyramid at the base of which are prolonged ciliated arms, supported by skeletal, calcareous bars. The ophiopluteus[10], very similar in its general shape to a pluteus, is the larva of brittle-stars[11](见图版 25:A). The starfishes[12](Asteroidea[13])(见图版 25:D) and sea cucumbers[14](Holothurioidea[15])(见图版 25:C) have larvae called, respectively, bipinnaria[16](见图版 13:C) and auricularia[17] (见图版 13:D), with a flattened oval shape, bordered laterally with more-or-less developed lobes.

【注释】

[1] invertebrate *n.* 无脊椎动物。由 in- 和 vertebrate 构成。
in- 无。
vertebrate 脊椎动物。

[2] larvae *n.* 幼体(复数)。单数是:larva。

[3] ichthyoplankton *n.* 鱼类浮游生物。由 ichthyo- 和 plankton 构成。
ichthyo- 鱼。如:
① ichthyofauna *n.* 鱼类区系。由 ichthyo- 和 fauna 构成。
② ichthyolite *n.* 鱼化石。由 ichthyo- 和 (化石,矿物,岩石)-lite 构成。
③ ichthyocolla *n.* 鱼胶。由 ichthyo- 和 -colla (胶)构成。
④ ichthyology *n.* 鱼类学。由 ichthyo- 和 -logy 构成。
-logy ……学。如:
① planktology *n.* 浮游生物学。由 plankto-(浮游生物)和 -logy 构成。
② benthology *n.* 底栖生物学。由 bentho- (底栖生物)和 -logy 构成。

[4] Echinodermata 棘皮动物门。由 echino-、-derm 和 -ata 构成。

[5] bilateral symmetry 两侧对称。
bilateral *adj.* 两边的。由 bi-(双)和 lateral 构成。

[6] radial symmetry 辐射对称。

[7] urchin *n.* 海胆。

[8] pluteus *n.* 长腕幼虫。

[9] have the shape of …… 具有……形态。

[10] ophiopluteus *n.* 蛇尾长腕幼虫。由 ophio- 和 pluteus 构成。
ophio- 蛇,似蛇之物。

[11] brittle-star *n.* 海蛇尾。

[12] starfish *n.* 海星。

[13] Asteroidea 海星纲。

[14] sea cucumber *n.* 海参。
cucumber *n.* 黄瓜。

[15] Holothurioidea 海参纲。

[16] bipinnaria *n.* 羽腕幼虫。

[17] auricularia *n.* 耳状幼虫。由 auricul- 和 -aria 构成。
auricul- 耳。
-aria 与……相似之物。

In the Crustacea there is a very characteristic primitive larvae, the nauplius (见图版 12:C), a compact triangular or oval larva with three pairs of appendages[1] (first and second antennae[2], mandibles[3]) and a median eye — the nauplius eye. In the Copepoda after several moults the nauplius changes to a copepodid[4] which resembles the adult, but has to pass through more moults to reach the adult shape. In the Cirripedia[5] (见图版 23:D) the nauplius gives rise to a very peculiar larva with a bivalve carapace[6], the cypris[7] (见图版 12:D). In the higher crustaceans the nauplius, or its successor, the metanauplius[8], changes by metamorphosis[9] into a zoea (见图版 12:E-1). Often the last form hatch directly from the egg, but a nauplius stage is found during its embryonic development. The zoea has a segmented abdomen[10] and several appendages on the thorax, besides the head appendages; it has a dorsal[11] carapace, two large eyes, and very often long spines. By successive moults the zoea of crabs gives rise to the metazoea[12] and later to the megalopa[13] (见图版 12:E-2) with large stalked eyes; in the megalopa attributes of the adult form may already be seen, namely, a voluminous cephalothorax[14] and a reduced abdomen. The zoea of shrimps gives rise to the mysis[15] which superficially resembles a mysidacean[16]. Finally, the lobster[17] larva is very peculiar, much flattened with long appendages-phyllosoma[18] (见图版 13:A). *Sergestes*[19] (见图版 9:F-1) has a very spiny larva, the elaphocaris[20].

【注释】

[1] appendage *n.* 附肢。

[2] antennae *n.* 触角(复数)。其单数是:antenna。"antenna"通常是做为触角的总称,但在甲壳动物则译为"第二触角",甲壳动物的第一触角是"antennule"。

[3] mandible *n.* 大颚。

[4] copepodid *n*. 桡足幼体。

[5] Cirripedia 蔓足亚纲。

[6] carapace *n*. 头胸甲。

[7] cypris *n*. 腺介虫。此处指腺介幼虫。

[8] metanauplius *n*. 后无节幼体,后期无节幼体。由 meta- 和 nauplius 构成。meta- 在……之后,变化。

[9] metamorphosis *n*. 变态。由 meta-(在……之后,变化)和 morphosis(*n*. 形态)构成。

[10] abdomen *n*. 腹部。

[11] dorsal *adj*. 背的。由 dorso- 和 -al(形容词词尾)构成。

dorso- 或 dorsi- 背,背侧。如:

① dorsibranchia *n*. 背鳃(-branchia 鳃)。

② dorsomeson *n*. 背中线。

③ dorsoventral *adj*. 背腹侧的(由 dorso-、ventro- 和- al 构成)。

[12] metazoea *n*. 后溞状幼体,后期溞状幼体。由 meta-和 zoea(*n*. 溞状幼体)构成。

[13] megalopa *n*. 大眼幼体。

[14] cephalothorax *n*. 头胸部。由 cephalo- 和 thorax 构成。

cephalo- 头。如:

① Cephalopoda 头足纲。由 cephalo- 和 -poda 构成。

② cephalotheca *n*. 头鞘。由 cephalo- 和 theca 构成。

③ Cephalocarida 头虾亚纲。由 cephalo- 和 carid(*n*. 真虾类)和 -a(拉丁文生物学名的词尾)。

thorax *n*. 胸部,胸膛,胸甲。胸部的词头是:thoraco-。如:

① thoracic *adj*. 胸的。由 thoraco- 和 -ic(形容词词尾)构成。

② thoracotheca *n*. 胸鞘。

③ Thoracostraca (甲壳动物的)胸甲部。"部"是生物分类中的一个单位,是介于"纲"和"目"之间的一个分类单位。Thoracostraca 由 thoraco- 和 -straca(带甲壳的生物体)构成。

[15] mysis *n*. 糠虾幼体。

[16] mysidacean *n*. & *adj*. 糠虾目动物(的)。

[17] lobster *n.* 龙虾。

[18] phyllosoma *n.* 叶状幼体。由 phyllo- 和 -soma 构成。

phyllo- 叶。如:

① phyllon(= leaf) *n.* 叶子。

② *Phyllospongia* 叶海绵属。由 phyllo-和 *Spongia*(海绵属)构成。

③ Phyllobothriidae 叶槽(绦虫)科。由 phyllo-、bothri-(槽,沟)和 -idea构成。

-soma,-some(= body) 体,躯体。如:

① urosome *n.* 尾体,(桡足类的)后体部。由 uro- 和 -some 构成。

② biosome *n.* 生命小体。由 bio- 和 -some 构成。

③ *Pyrosoma* (背囊类的)火体虫属。由 pyro- (火,热)和 -soma 构成。

④ Gymnosoma (翼足类的)裸体亚目。由 gymno-(裸,光秃的)和 -soma 构成。

⑤ Thecosoma(翼足类的)壳体亚目。由 theco-(壳,鞘)和-soma 构成。

[19] *Sergestes* 樱虾属。

[20] elaphocaris *n.* (樱虾的)前溞状幼体。

In the Polychaeta (见图版 20:A) (Annelida) the first larva, called a trochophore[1](见图版 12:A-1), is similar to a spinning top and is encircled by a band of cilia; it elongates, becomes segmented, develops bristles[2], and becomes a nectochaete[3](见图版 12:A-2), which exist in numerous variations, one of them, the mitraria[4], looking rather like a small hat whose margins are more or less gadrooned and carry a large bundle of bristles. The Nemertea[5] (见图版 21:B), unsegmented benthic worms[6] without bristles, have a larva known as pilidium[7](见图版 11:D), which has a ciliated belt, marking two large lobes, and a bundle of cilia at one end. *Phoronis*[8](见图版 21:H) (Phoronidae[9]) whose adults live in tubes attached to the sea floor have a very beautiful and characteristic larva, the actinotrocha[10](见图版 11:E), with numerous ciliated tentacles. Finally, the cyphonautus[11] larvae (见图版 13:E) belong to certain Bryozoa[12](见图版 25:F), which are very common colonial benthic organisms.

The Mollusca【Gastropoda[13](见图版 22:C) and Bivalvia[14](见图版

22:B)】has a swimming larva, the veliger[15](见图版 12:B), characterized by a strong ciliary band, the velum[16], multilobed. The larva builds the primitive shell of the adult, bivalve[17] or spiral[18], according to the group.

【注释】

[1] trochophore *n.* 担轮幼虫。由 trocho- 和 -phore 构成。

trocho- 轮,盘,圆,类似轮的东西。如:

① *Trochomorpha* 轮状螺属。由 trocho-、morph-(形态,形)和 -a(常作为拉丁文生物学名"属"的词尾)构成。

② *Trochosphaera* 球轮虫属。由 trocho-、sphaer-(球)和 -a 构成 。

③ trochal *adj.* 轮形的。由 trocho- 和 -al 构成。

[2] bristle *n.* 刚毛。

[3] nectochaete *n.* 疣足幼虫。

[4] mitraria *n.* 僧帽幼虫。

[5] Nemertea 纽形动物门。

[6] worm *n.* 蠕虫。

[7] pilidium *n.* 帽状幼体。

[8] *Phoronis* 帚虫属。

[9] Phoronidae 帚虫科。

[10] actinotrocha *n.* 辐轮幼虫。由 actino- 和 -trocha 构成。

actino- 辐射。

-trocha 具有轮或盘状结构的生物体。

[11] cyphonautus *n.* 苔藓虫双壳幼虫。

[12] Bryozoa 苔藓动物门。

[13] Gastropoda 腹足纲。由 gastro-(腹侧)和 -poda 构成。

gastro- 腹侧,胃,营养。如:

① gastrozoid *n.* 营养个体,营养个员。由 gastro-(营养)和 - zoid (-zoid 与 -zooid 意思相同)构成。

② Gastropteridae 腹翼螺科。由 gastro-(腹)、pter-(翼)和 -idae 构成。

③ gaster *n.* 胃,腹部。

[14] Bivalvia 双壳纲(属软体动物门)。由 bi-、valv-和词尾 -ia 构成。

bi- 双。

valve *n*. 壳瓣，瓣。

[15] veliger *n*. 面盘幼虫。

[16] velum *n*. 缘膜。

[17] bivalve *n*. 双壳类动物；*adj*. 双瓣的，双壳的。双壳类动物的拉丁文学名为：Bivalvia（双壳纲）。

[18] spiral *n*. 螺旋体；*adj*. 螺旋的。

spiri-（或 spiro-）螺旋的，旋管。如：

① Spirobrachiidae 旋腕虫科。由 spiro-、brachi-（臂，腕）和 -idae 构成。

② Spirotrichida 旋毛亚纲。由 spiro-、trichi-（毛，发，丝）和 -da（拉丁文生物学名的词尾）构成。

③ Spirulidae 旋壳乌贼科。

④ *Spirulina* 螺旋藻属。

During their development the Enteropneusta【Balanoglossus[1]（见图版 25：G）】have a very curious larva, the tornaria[2]（见图版 13：F）, in the shape of[3] a spinning top, with a strong ciliary band which spins the larva. The benthic ascidian[4]（见图版 25：H）or tunicate[5] larvae, when hatched, are tadpolelike[6] and generally fix themselves to the substratum[7] a short time after the hatching; they appear in the plankton for only a short period.

Most of the bony fishes[8]（Teleostei[9]）have planktonic eggs and larvae. The eggs are generally spherical measuring some tenths of a millimeter up to several centimeters in diameter and often containing an oil droplet. The larvae or "fry[10]" after hatching have relicts of the egg in an anteroventral[11] position. Initially they are very delicate and transparent, but slowly become pigmented as their fins differentiate.

The abundance of meroplankton in the water column is coupled to reproductive cycles of adults which, in turn, are often modulated by environmental conditions. Meroplankton appear year-round in tropical waters, but seasonally in higher latitudes. Warmer temperatures trigger spawning of benthic invertebrates in temperate and cold-water inshore regions.

Reproductive activity may also be tied to increased food supply. A similar relationship of fish reproduction to environmental change is clearly evident.

【注释】

[1] *Balanoglossus* 柱头虫属。

[2] tornaria *n.* 柱头幼虫。

[3] in the shape of 具有……形态。

[4] ascidian *n.* 海鞘。

[5] tunicate *n.* 被囊动物。其拉丁文学名为:Urochordata(尾索动物门)。

[6] tadpolelike *adj.* 类似蝌蚪的。tadpole *n.* 蝌蚪。

[7] substratum *n.* 底层,底质。此词有时也用复数,其复数是:substrata。

[8] bony fishes (= teleosts)硬骨鱼类。

另 bony fish = *Elops machnata* 海鲢。

[9] Teleostei 真骨鱼纲。

[10] fry *n.* 鱼苗;*v.* 油煎。

[11] anteroventral *adj.* 前腹的。由 antero-(前面的)、ventro- 和 -al 构成。

Most benthic marine invertebrates and teleostean[1] fishes exhibit high fecundity[2]. A female American oyster[3] (*Crassostrea*[4] *virginica*), for example, can produce more than 10^8 eggs in a single spawn, and a female hard clam[5] (*Mercenaria mercenaria*[6]), more than 10^7 eggs per spawning season. Female plaice[7] (*Pleuronectes platessa*), haddock[8] (*Melanogrammus aeglefinus*), and cod[9] (*Gadus morhua*) (见图版 33: B-3) release $\sim 2.5\times10^5$, $\sim 5\times10^5$, and $>1\times10^6$ eggs, respectively. The meroplankton of benthic marine invertebrates and the ichthyoplankton of marine fishes are susceptible to the vagaries of environmental conditions that severely deplete their numbers. Early life mortality for many forms may be as much as 99.999%. Temperature, salinity, turbidity[10], circulation, and seafloor characteristics, as well as other physical and chemical factors, influence larval development, distribution, and survivorship. Biological factors, including predation[11], food availability, and seasonal abundance of adults and larvae, also affect meroplankton success. Predation alone causes larval mortality to exceed 90%.

The duration of meroplankton larvae in the plankton generally ranges from several minutes to a few months depending on the species and type of larval development. For benthic marine invertebrates, five types of larval development patterns are apparent. These include planktotrophy[12], lecithotrophy[13], viviparity[14], demersal[15] development, and direct development[16]. Shallow coastal marine and estuarine benthic invertebrates typically have planktonic larval stages. Deep-sea species, however, mainly show direct development or brood[17] protection of young.

In estuaries and shallow coastal marine waters, meroplankton abundance fluctuates markedly because of different reproductive strategies of benthic invertebrate and fish populations and the responses of their meroplankton to variable environmental conditions. Spawning does not occur synchronously and the residency of the plankton in the water column differs substantially among these populations. Pulses[18] of meroplankton often do not overlap. As a result, the timing of peak numbers of major taxonomic groups in the plankton can deviate considerably.

【注释】

[1] teleostean *n.* & *adj.* 硬骨鱼类(的)。由 teleo- 硬骨的。

[2] fecundity *n.* 产卵力,生育力,多产,丰饶。

[3] oyster *n.* 牡蛎。

[4] *Crassostrea* 巨牡蛎属。

[5] hard clam(= *Mercenaria mercenaria*)薪蛤。clam *n.* 蛤。

[6] *Mercenaria* 薪蛤属。

[7] plaice *n.* 欧鲽,拟庸鲽。

[8] haddock *n.* 黑线鳕。

[9] cod *n.* 鳕。

[10] turbidity *n.* 混浊,扰动(水的混合)。

[11] predation *n.* 捕食。

[12] planktotrophy *n.* 靠浮游生物提供营养。由 plankto-和 -trophy 构成。

[13] lecithotrophy *n.* 靠卵黄提供营养。由 lecitho- 和-trophy 构成。

lecitho- 卵黄。

[14] viviparity *n.* 胎生。由 vivi-(活体,胎生)和 -parity【生、产(名词词尾)】构成。

oviparity *n.* 卵生。由 ovi- (卵)和 -parity 构成。

[15] demersal *adj.* 在底部的,居于水底的。

[16] direct development 直接发育,即发育没有幼体形态阶段。

[17] brood *n.*(动物中鸟和家禽的)一窝。

[18] pulse *n.* 脉冲(意:曲线的图形)。

2.3 Tychoplankton

Bioturbation, dredging[1], bottom shear stresses associated with wave and current action, and other processes that roil[2] seafloor sediments promote the upward translocation of demersal zooplankton into the plankton. These tychoplanktonic organisms, aperiodically[3] inoculated[4] into the water column, provide forage[5] for carnivorous[6] zooplankton and planktivorous[7] fishes. Various species of amphipods, isopods, cumaceans[8] (见图版 9:E), and mysids are representative forms. Although these organisms augment the food supply of resident populations in the water column, they rarely comprise a quantitatively significant fraction of the zooplankton community.

【注释】

[1] dredging *n.* 挖掘(包括动物的挖掘和人工的挖掘)。

[2] roil *v.* 扇动,激怒,搅浑,动荡。

[3] aperiodically ad*v*. 不定期地。periodical *adj.* 定期的。

[4] inoculated *v.* 接种,嫁接。

[5] forage *n.* 草料,饵料;*v.* 搜寻食物,觅食。

[6] carnivorous *adj.* 食肉的。由 carni- 和 -vorous(形容词词尾"食……的")构成。

[7] planktivorous *adj.* 食浮游生物的。由 plankti- 和-vorous 构成。

[8] cumacean *n.* & *adj.*涟虫类动物(的)。其拉丁文学名为:Cumacea(涟虫目)。

B. Spatial Distribution and Vertical Migration

Zooplankton have preferred depth ranges, occupying distinct vertical zones (epi-, meso-, bathy-, and abyssopelagic[1] waters) in the ocean. Some species, the pleuston, live at the sea surface and others, the neuston, inhabit the upper tens of millimeters of the surface water. *Velella velella* is the most common species of pleuston commonly called by-the-wind sailor[2]. It was for a long time classified among the Siphonophora but has recently been considered as a pelagic hydrozoan[3]. It has the shape of an oval disc from which arises a blue-violet triangular sail. Around its margins *Velella* has tentacles[4] (dactylozoids[5]) and on the underside it has one large gastrozoid[6] encircled by the gastrogonozoids[7], polyps[8], which give rise to small medusae. Like the Portuguese man-of-war[9] (见图版 6: F-1), *Velella* floats on the surface of the sea (pleuston) and, driven by the wind, is frequently found stranded[10] on the shores in large quantities. Still other forms adapt to the vertical gradients of temperature, light, and pressure found at greater depths in the water column. The morphology[11] and behavior of zooplankton in deeper zones differ from those of epipelagic species. Mesopelagic and bathypelagic zooplankton generally have a wider distribution than epipelagic species, which are commonly associated with specific water masses[12]. The species diversity of oceanic zooplankton is higher in low latitudes, although the abundance of individuals is relatively low in these waters. In contrast, fewer species occur in higher latitudes, but the number of individuals in each species tends to be higher.

More locally, zooplankton display a patchy[13] distribution. A number of biological or physical factors may be responsible for the patchiness, including the aggregation[14] of zooplankton for reproduction, the interactions between zooplankton and their food, and responses to circulation patterns and chemical gradients (e. g. , salinity). Zooplankton patches may persist for periods of days to many months or even years.

Many zooplankton species migrate vertically in the water column.

Three types of migration patterns have been ascertained: nocturnal[15], twilight, and reverse migration. Nocturnal migration is the most common type among estuarine and marine zooplankton. In this case, zooplankton begin to ascend the water column near sunset, reach a minimum depth[16] between sunset and sunrise, and then descend to a maximum depth during the day. In contrast to the daily ascent and descent of a nocturnal migration, twilight migration consists of two ascents and descents per day. Zooplankton undergoing twilight migration commence their ascent of the water column at sunrise; however, upon attaining a minimum depth, they later descend at night in a migration termed the *midnight sink*. At about sunrise, they ascend once again, but subsequently descend to the daytime depth. Reverse migration involves the ascent of zooplankton to a minimum depth during the day followed by a descent to a maximum depth at night. This pattern is opposite to that of nocturnal migration and remains the least common type of zooplankton migration observed in the sea.

【注释】

[1] abyssopelagic(= abyssalpelagic) *adj.* (海洋)深渊的。由 abysso- 和 pelagic 构成。

abysso-(= abyssal-)深渊。

[2] by-the-wind sailor 是 *Velella velella*(帆水母)的俗名。

[3] hydrozoan *n.* & *adj.* 水螅虫(的)。其拉丁文学名为:Hydrozoa 水螅虫纲(属 Coelenterata 腔肠动物门)。由 hydro- 和 -zoan 构成。

hydro- 水,氢。如:

① hydration *n.* 水合作用。由 hydro- 和 -ation(表示动作或过程)构成。

② hydrogen *n.* 氢,氢气。由 hydro- 和 -gen(素,产生……者)构成。

③ hydrology *n.* 水文学。由 hydro- 和 -ology 构成。

④ hydrolyte *n.* 水解质。由 hydro- 和 -lyte (溶解质)构成。

[4] tentacle *n.* 触手,触角。

[5] dactylozoid *n.* 指状个体,指状个员。由 dactylo- 和-zoid 构成。

-zoid 与 -zooid 的意思相同(-zooid 个体,个员——群集动物中的一个)。

dactylo- 或 dactylio- 指,趾。如:

① dactylus *n.* 指，趾。

② *Dactyliosolen* 指管藻属。由 dactylio- 和 -solen（管，槽）构成。

[6] gastrozoid *n.* 营养个体，营养个员。由 gastro-（胃，营养）和 -zoid 构成。

[7] gastrogonozoid *n.* 营养生殖个体，营养生殖个员。由 gastro-、gono- 和 -zoid 构成。

gono- 性的，生殖的。如：

① gonad *n.* 生殖腺。

② gonotheca *n.* 生殖鞘。由 gono- 和 theca 构成。

③ gonadotrophin *n.* 促性腺激素。由 gonad、-o- 和 -trophin（促……激素）构成。

④ gonozoid *n.* 生殖个体（管水母的一种水螅体）。由 gono-和-zoid 构成。

⑤ gonocoel *n.* 生殖腔。由 gono- 和 -coel（腔，体腔）构成。

⑥ gonochorism *n.* 雌雄异体。由 gono- 和-chorism（处于分离状态）构成。

[8] polyp *n.* 水螅体，珊瑚虫。

[9] Portuguese man-of-war 是 *Physalia physalis*（僧帽水母）的俗名。

Portuguese *adj.* 葡萄牙的。

man-of-war *n.* 军舰。

[10] strand *v.* 搁浅，陷于困境。

[11] morphology *n.* 形态学。由 morpho- 和 -ology 构成。

morpho- 形态。

[12] water mass 水团。

[13] patchy *adj.* 补丁的，块状的。

[14] aggregation *n.* 集合。

[15] nocturnal *adj.* 夜间的。

[16] a minimum depth 意：最靠近海洋表面。

The distance traveled by zooplankton during vertical migration periods can be substantial. Many migrate several hundred meters per day, and some of the larger, stronger forms can cover distances up to a kilometer or more. During such migrations, the zooplankton may experience significant changes in physical and chemical conditions.

Light appears to be the key environmental cue that triggers zooplankton diel[1] vertical migrations. More specifically, the rate and direction of change of light intensity from the ambient level (adaptive intensity) are deemed to be of paramount importance for initiating the vertical movements. Factors such as an absolute amount of change in light intensity, a relative rate of light intensity change, a change in depth of a particular light intensity, a change in the polarized light[2] pattern, and a change in underwater spectra[3] can all elicit vertical migration of zooplankton populations.

Diel vertical migrations confer several advantages on zooplankton. Among the most notable benefits are predator[4] avoidance, greater transport and dispersal, increased food intake and utilization, and maximization[5] of fecundity. These migrations accelerate the transfer of organic materials from the euphotic zone to deeper waters. They may also facilitate genetic exchange by the mixing of individuals of a given population.

Factors other than light affect zooplankton dynamics. For example, temperature and salinity can alter diel vertical migration patterns. The organism's age, physiological condition, and reproductive stage also influence these movements. Temperature has likewise been shown to affect the growth, fecundity, longevity, and other life processes of these diminutive animals.

【注释】

[1] diel *n.* & *adj*. 昼夜(的)。

[2] polarized light 偏振光。

polarized *v.* 使极化,使偏振。

[3] spectra(= spectrums) *n.* 光谱(复数)。单数是:spectrum。

[4] predator *n.* 掠夺者,捕食者,食肉动物。

[5] maximization *n.* 最大值化。

C. Adaptation to Pelagic Life

The planktonic organisms are necessarily adapted to pelagic life and have to remain in the water and not sink to the bottom; in other words, their sinking velocity must be zero for a perfect adaptation.

According to Stoke's law[1], the sinking velocity of a spherical particle with a radius, r, is as follows:

$$V = F / 6\pi\eta r$$

Where F is the difference between the weight of the organism (density of the body multiplied by its volume) and Archimedes[2] upthrust[3] (density of the medium multiplied by volume of the body) acting on the organisms, and η is the viscosity[4] of the sea water. Stoke's law is strictly appreciable only to spheres below a limited diameter (for quartz spheres it is 60 μm); this limit is higher when the difference of density from the milieu is less (Sverdrup, Johnson and Fleming). This law may serve as a guide when dealing with the physical relations between the plankton and the surrounding sea water. A decrease in F will decrease the sinking velocity and any reduction in the density of the organism relative to sea water will be an advantage to planktonic existence. This may be realised in different ways. In a given group skeletal components may be less resistant and lighter in planktonic species than in the benthic species; there are numerous examples of this in the diatoms, carapaces of crustacean, shells of gastropods. In the Heteropoda we can find a series passing through *Atlanta*[5] (见图版 10:D-1) and *Carinaria*[6] (见图版 10:D-2) with shells and ending in the complete disappearance of the shell in *Pterotrachea*[7] (见图版 10:D-3). The increase in body tissue water by the development of gelatinous substances is another and frequent method of pelagic adaptation. A comparison of the amount of water in the same group shows this clearly.

Cnidaria: planktonic form 【*Cyanea*[8] (见图版 7:A-3)】 96.5%

benthic form 【*Anemonia*[9] (见图版 19:B-1)】 87.2%

Crustacea: planktonic form 【*Calanus* (见图版 8:B-1)】 85.7%

benthic form【*Crangon*[10]（见图版 24:C-2)】74.5%

Another way of decreasing the weight is to maintain an osmotic[11] equilibrium with the sea water by lighter ions. The monovalent[12] chloride ion (35.5) replaced the divalent sulphate ion (96/2=48). Frequently floats are found in planktonic organisms, gas floats in the Siphonophora or oil "floats" in fish larvae and some copepods.

【注释】

[1] Stoke's law 斯托克斯定律。

[2] Archimedes 阿基米德。

[3] upthrust *n.* 向上推,向上冲(即:浮力)。

[4] viscosity *n.* 黏稠,黏滞。

[5] *Atlanta* 明螺属。

[6] *Carinaria* 龙骨螺属。

[7] *Pterotrachea* 翼管螺属。

[8] *Cyanea* 霞水母属。

[9] *Anemonia* 迎风海葵属。

[10] *Crangon* 褐虾属。

[11] osmotic *adj.* 渗透的,渗透性的。

[12] monovalent *adj.* 一价的,单价的。由 mono- 和 valent(*adj.* 化合价的)构成。

mono- 单,一。如:

① monosaccharide *n.* 单糖。由 mono- 和 saccharide(*n.* 糖,糖类)构成。

② Monoplacophora (软体动物的)单板纲。由 mono-、placo-(小块,小片)和 -phora 构成。

③ monophagous *adj.* 单食性的。由 mono- 和-phagous(食,噬食的)构成。

④ monoploid *n.* 单倍体。由 mono- 和 -ploid【倍体(指染色体组的增殖程度)】构成。

A reduction of the organisms dimensions also decreases its sinking velocity. According to Stoke's law F is proportional to the difference between the density of the body and that of the water and the body volume; so $F = kr^3$, where k is a constant. The previous expression becomes:

$$V = kr^3/6\pi\eta r = kr^2/6\pi\eta$$

As the radius become smaller the sinking velocity is lowered. The small size which, as we have noted, is one of the general characteristics of planktonic organisms, contributes to their improved adaptation to a planktonic existence.

The adaptation to pelagic life is improved by any morphological characteristics which increase the resistance to sinking. More or less flattened forms, which reduces the sinking velocity, are found in the plankton, for instance *Sapphirinia*[1](见图版 8:C-2) (Copepoda) or phyllosoma larvae (lobsters), while the morphology of medusae is very similar to that of a parachute. Another efficient adaptation is the existence of very long and even exaggerated appendages such as those of *Chaetoceros*[2](见图版 1:C-2) (a diatom) or some zoea (larval crustaceans).

When the adaptation is imperfect the organism must have a "complementary adaptation". This involves a waste of energy in motor activities such as undulation[3] of the flagellum in peridinians[4](见图版 2:D), the beating of the cilia of the ciliary bands of many larvae or the swimming activity of crustaceans.

We shall return now to Stoke's law. The viscosity of sea water, η may be markedly modified, particularly by temperature: at 0 ℃ it is 18 millipoise[5], at 10 ℃ 13 millipoise, and at 20 ℃ 10 millipoise. As a consequence, an organism with given dimensions and density, which is in equilibrium with the water at a given temperature, will sink when the temperature rises and eventually have to spend a certain amount of energy to complete its adaptation.

For a spherical organism in equilibrium with sea water at 0 ℃ the radius must be decreased by a factor of 0.24, i.e., reduced by a quarter in order to maintain its equilibrium at a temperature of 20 ℃ because of the change in the viscosity of sea water. On the other hand, it is well known that the solution of certain substances such as agar-agar[6] considerably increases its viscosity in water and this may be attained with a small quantity of material. It does not seem that the possibility of this kind of reaction has been considered until recently as affecting plankton, despite the fact that many organisms are known to be able to excrete organic substances. (This is probably an interesting field of research.)

Concerning the physical meaning of the viscosity this has to be considered in the light of margalef's ideas which emphasize the importance of electrostatic charges[7]. For a detailed study on the flotation of the phytoplankton see the review of Smayda.

【注释】

[1] *Sapphirinia* 叶剑水蚤属。
[2] *Chaetoceros* 角毛藻属。
[3] undulation *n.* 波动,起伏,波荡。
[4] peridinian *n.* 多甲藻。
[5] millipoise *n.* 毫泊(粘度单位)。
[6] agar-agar(= agar) *n.* 琼脂。
[7] electrostatic charge 静电荷。

A 抱球虫
(*Globigerinoides* sp.)

B-1 太阳盘虫
(*Heliodiscus* sp.)

B-2 等棘虫
(*Acanthometra* sp.)

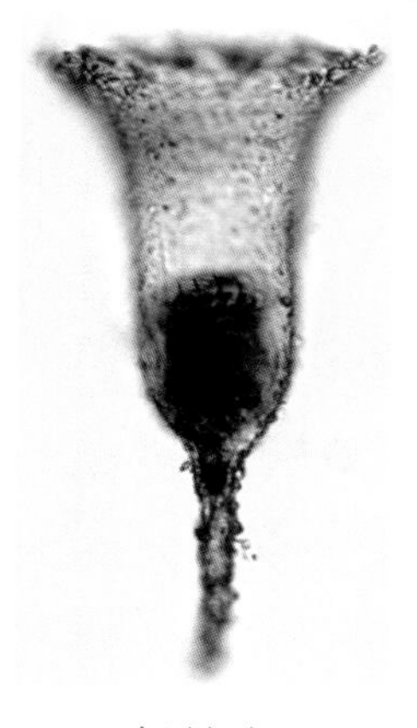

C 拟铃虫
(*Tintinnopsis campanula*)

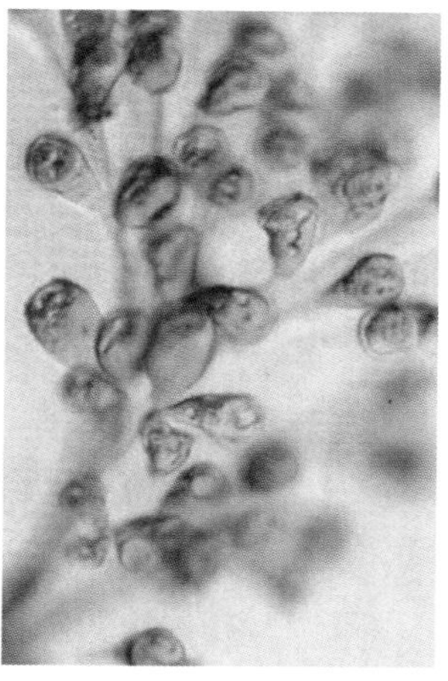

D 聚缩虫
(*Zoothamnium* sp.)

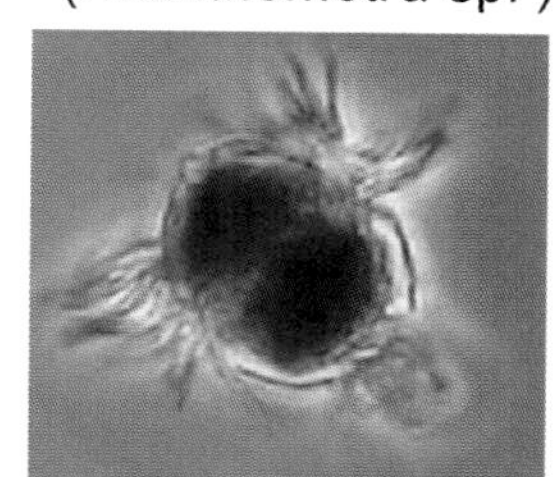

E-1 红色中缢虫
(*Mesodinium rubra*)

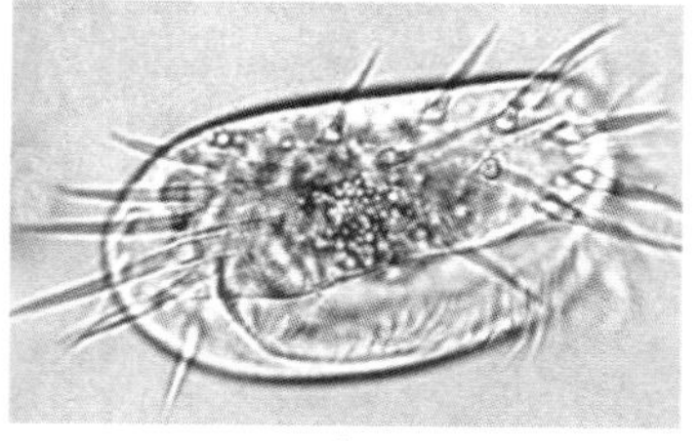

E-2 扇形游仆虫
(*Euplotes vanus*)

图版5 浮游动物的主要代表——原生动物门

肉足虫纲(Sarcodina): A 有孔虫目(Foraminifera) B 放射虫目(Radiolaria)

纤毛虫纲(Ciliophora): C 砂壳纤毛目(Tintinnida) D 固着目(Sessilida)

E 腹毛目(Hypotrichida)

A 引自 http://serc.carleton.edu　B-1 引自http://visualsunlimited.photoshelter.com

B-2 引自http://www.nhm.ac.uk　C 、E-1引自http://www.marinespecies.org

D、E-2引自黄宗国、林茂《中国海洋生物图集》2012.北京

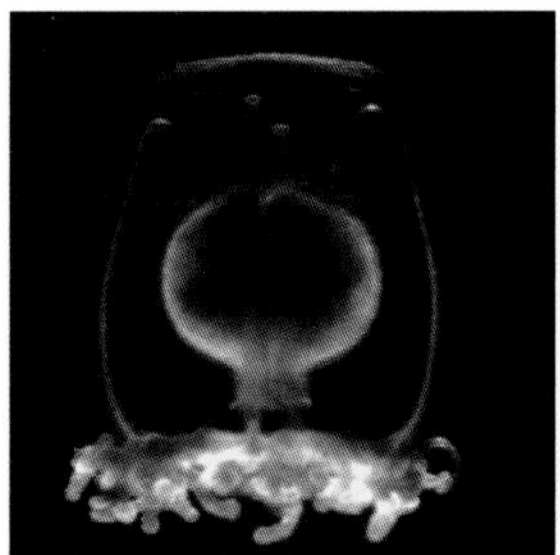

A 灯塔水母
(*Turritopsis* sp.)

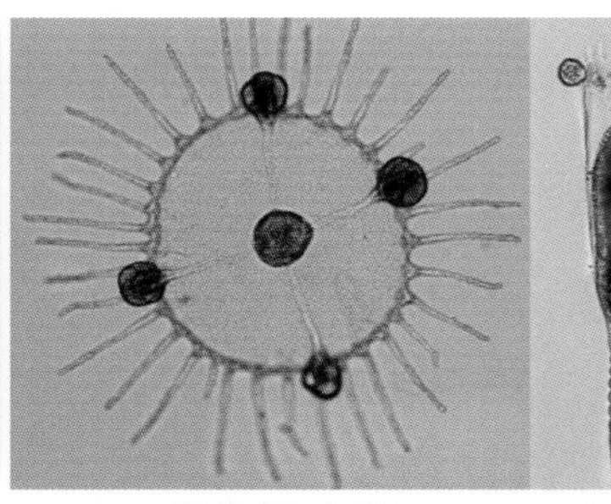

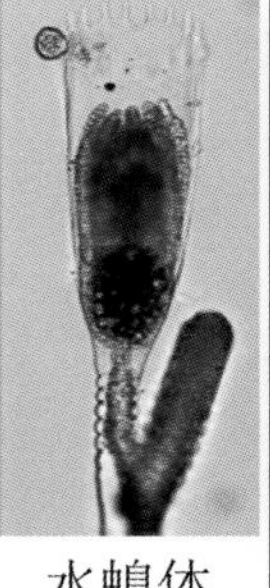

B-1 薮枝螅水母　　水螅体
(*Obellia* sp.)

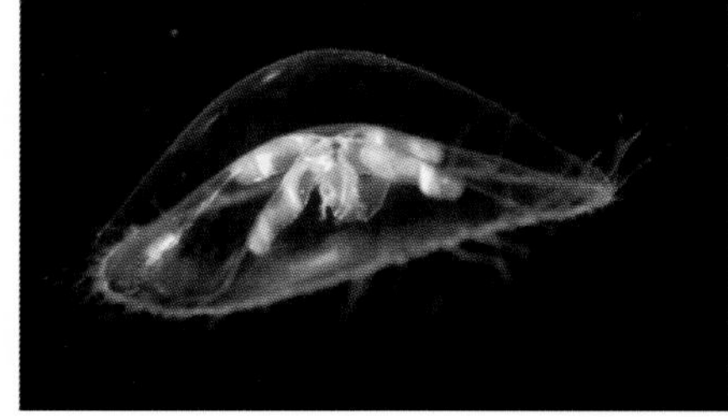

B-2 波状感棒水母
(*Laodicea undulata*)

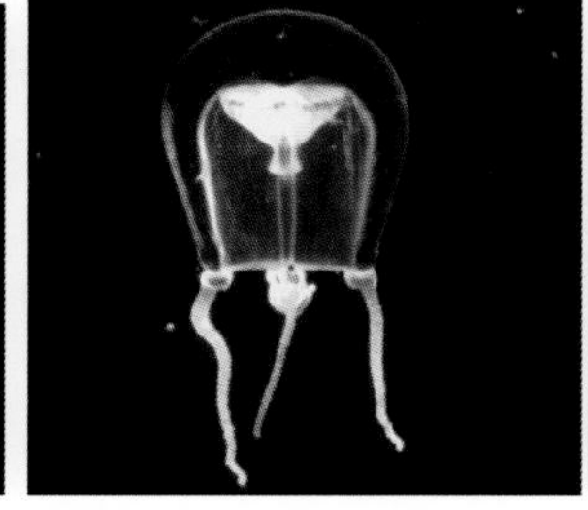

C 帽铃水母
(*Tiaricodon coeruleus*)

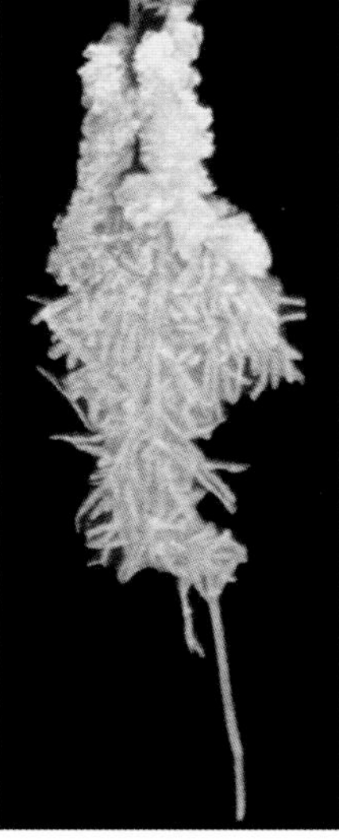

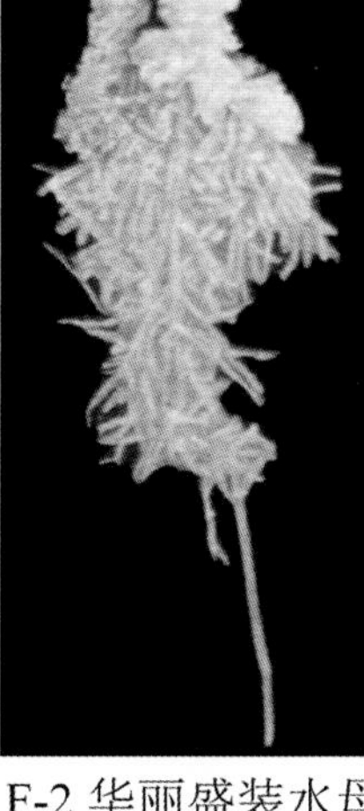

F-2 华丽盛装水母
(*Agalma elegans*)

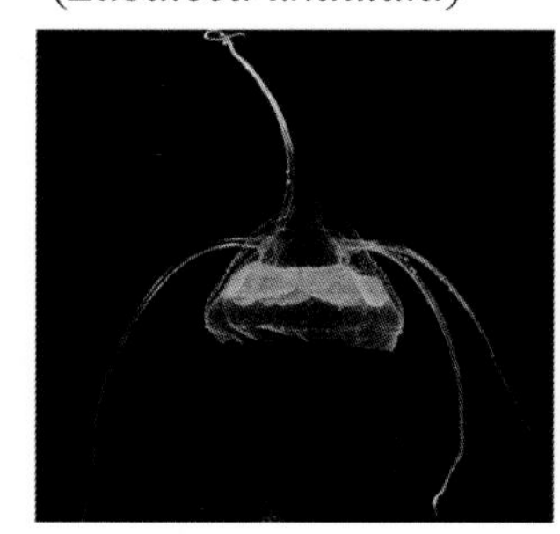

D 四手筐水母
(*Aegina citrea*)

E 半口壮丽水母
(*Aglaura hemistoma*)

F-1 僧帽水母
(*Physalia physalis*)

图版6　浮游动物的主要代表——刺胞动物门（一）
水螅水母纲(Hydrozoa)

A 花水母目(Anthomedusae)　B 软水母目(Leptomedusae)
C 淡水水母目(Limnomedusae)　D 筐水母目(Narcomedusae)
E 硬水母目 (Trachymedusae)　F 管水母目(Siphonophora)

A、B-1和C 郭东晖摄
B-2、D 和E引自http://www.marinespecies.org
F-1 引自 http://www.whoi.edu
F-2 引自黄宗国、林茂《中国海洋生物图集》2012.北京

A-1 夜光游水母
(*Pelagia noctiluca*)

A-2 海月水母
(*Aurelia aurita*)

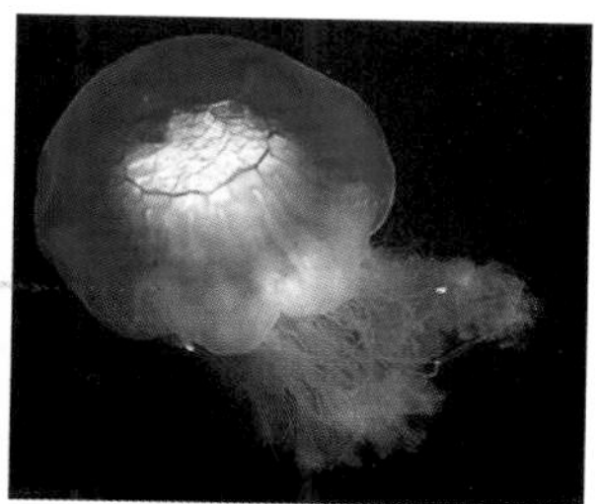

A-3 霞水母
(*Cyanea lamarckii*)

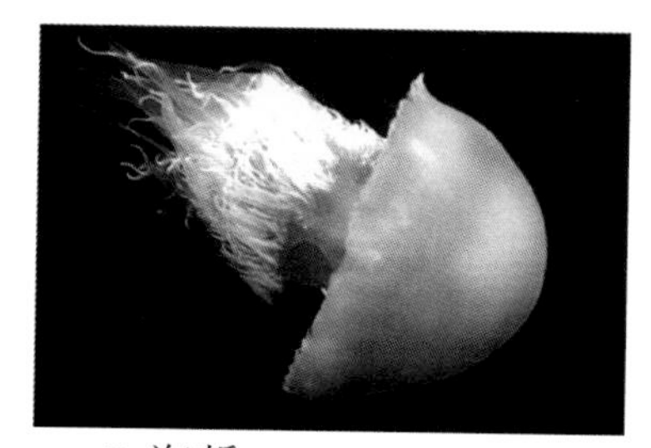

B 海蜇
（*Rhopilema esculenta*）

C 疣灯水母
(*Carybdea sivickisi*)

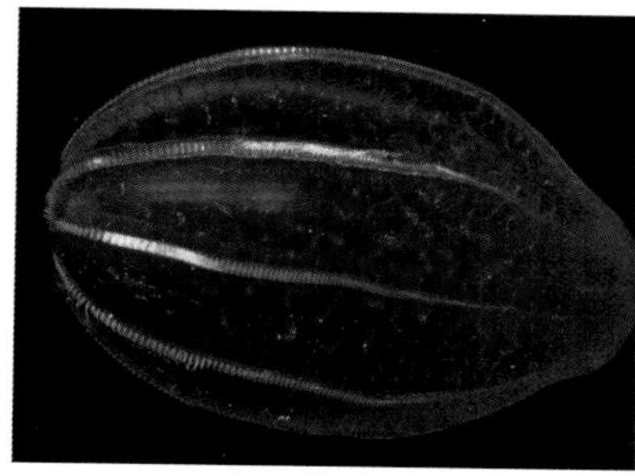

D 瓜水母
(*Beroe cucumis*)

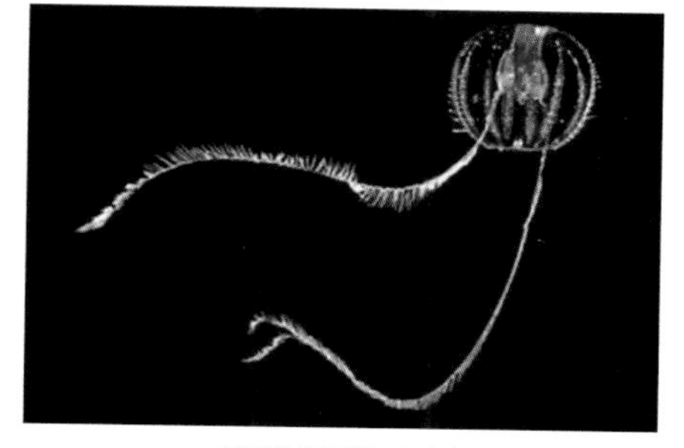

E 球形侧腕水母
(*Pleurobrachia globosa*)

图版7 浮游动物的主要代表——刺胞动物门（二）和栉水母动物门

刺胞动物门(Cnidaria) 钵水母纲(Scyphozoa): A 旗口水母目 (Semaeostomae)
B 根口水母目 (Rhizostomae) C 立方水母目 (Cubomedusae)
栉水母动物门(Ctenophora): D 瓜水母目(Beroida) E 球栉水母目(Cydippida)

A-1 引自http://www.marinespecies.org
A-2、B 、C、E 引自http://www.blueanimalbio.com
A-3 引自http://www.vattenkikaren.gu.se
D 引自http://oceanexplorer.noaa.gov

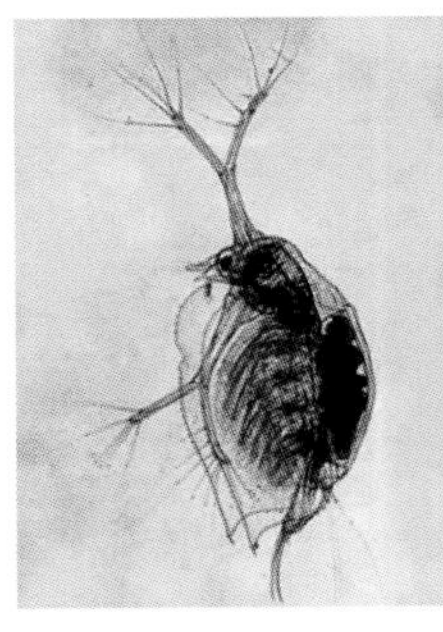

A 鸟喙尖头溞
(*Penilia avirostris*)

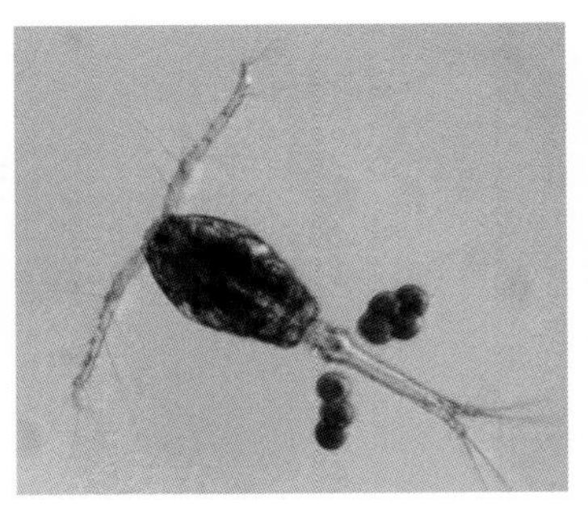

C-1 大同长腹剑水蚤
(*Oithona similis*)

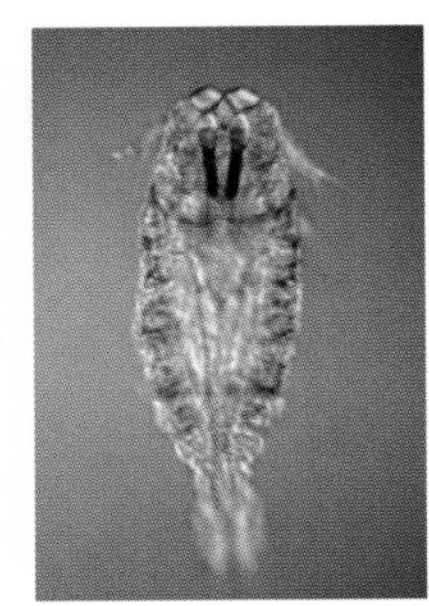

C-2 叶剑水蚤
(*Sapphirina* sp.)

B-1 北极哲水蚤
(*Calanus glacialis*)

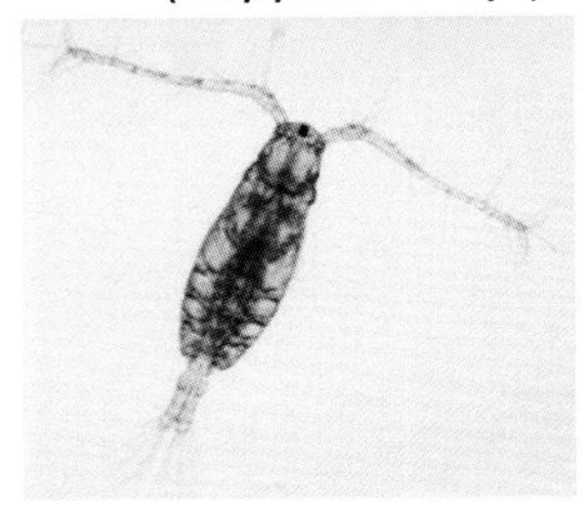

B-2 克氏纺锤水蚤
(*Acartia clausi*)

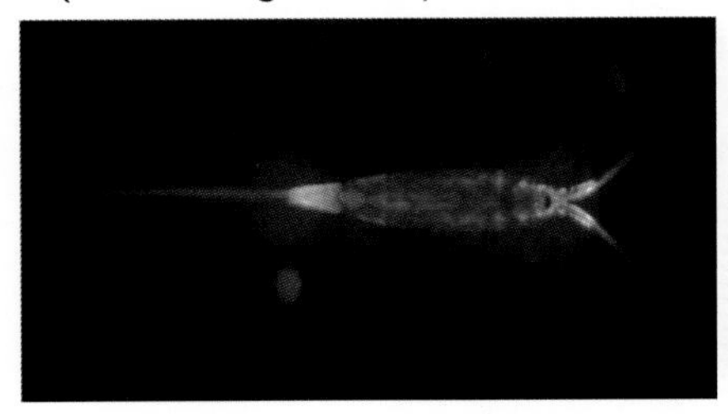

D 小星猛水蚤
(*Microsetella* sp.)

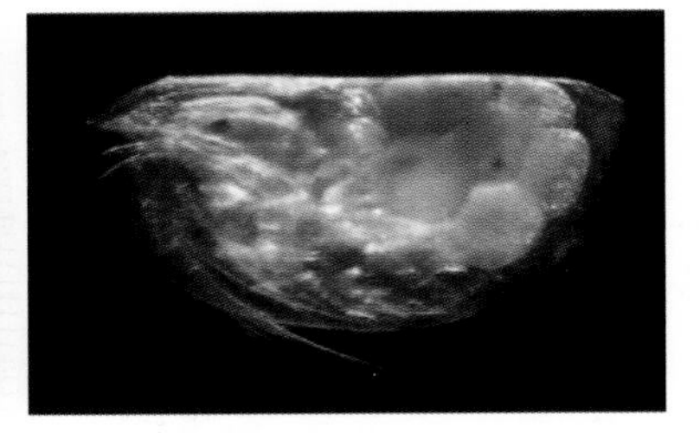

E 真浮萤
(*Euconchoecia chierchiae*)

图版8　浮游动物的主要代表——甲壳动物纲（一）

鳃足亚纲(Branchiopoda): A 枝角目(Cladocera)
桡足亚纲(Copepoda): B 哲水蚤目(Calanoida)　C 剑水蚤目(Cyclopoida)
D 猛水蚤目(Harpacticoida)
介形亚纲(Ostracoda): E 壮肢目(Myodocopa)

A 引自http://www.blueanimalbio.com
B-1 引自http://www.arcodiv.org
B-2、C-2 引自http://planktonnet.awi.de
C-1 引自http:// www.sams.ac.uk
D引自https://en.wikipedia.org
E引自http://www.cmarz.org

A 长脚蛾
(*Themisto abysorrum*)

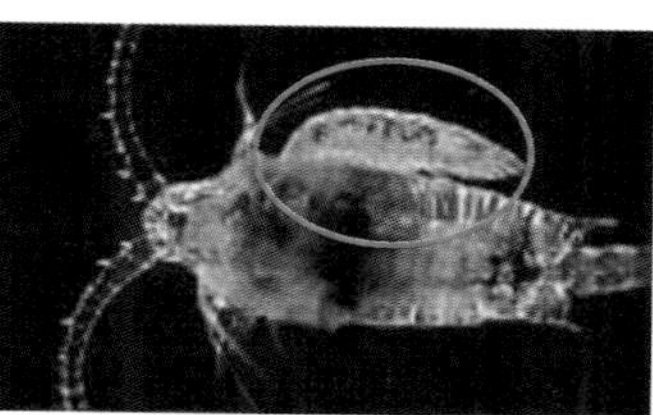

D 小寄虱(寄生于桡足类)
(*Micronicus* sp.)

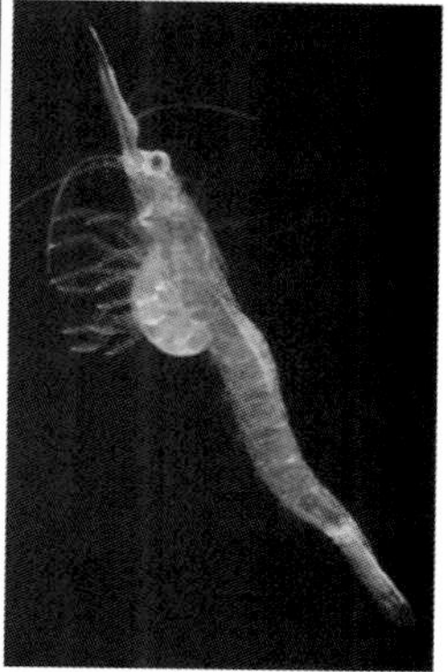

B 囊糠虾
(*Gastrosaccus spinifer*)

C 南极磷虾
(*Euphausia superba*)

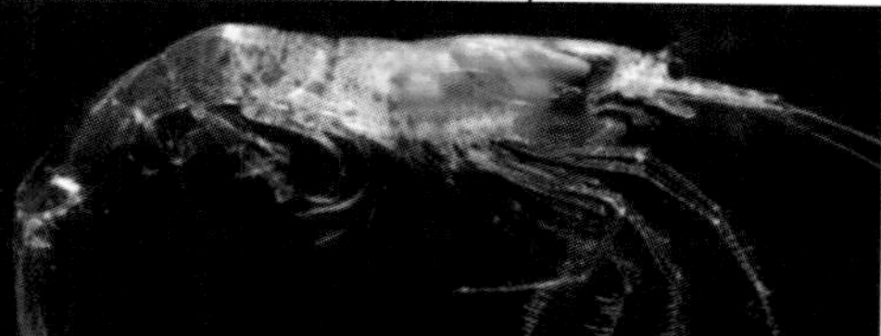

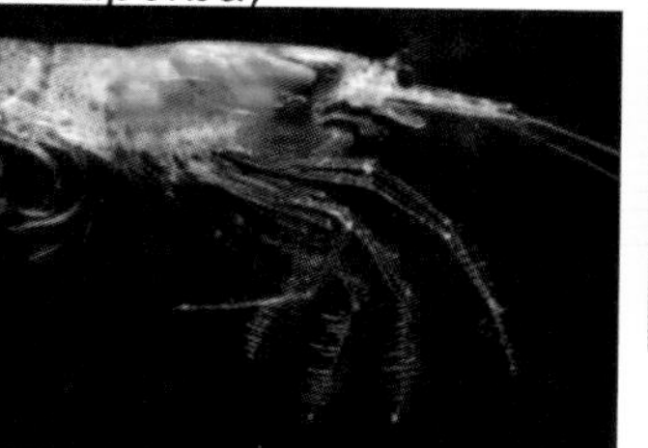

F-1 北方霞虾(*Sergestes similis*)

E 针尾涟虫
(*Diastylis laevis*)

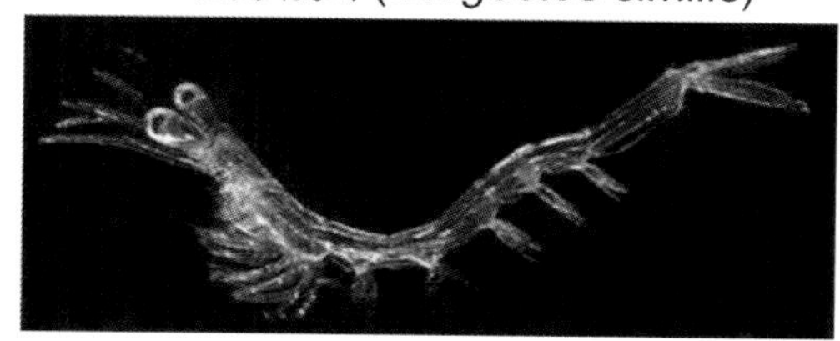

F-3 汉森莹虾(*Lucifer hanseni*)

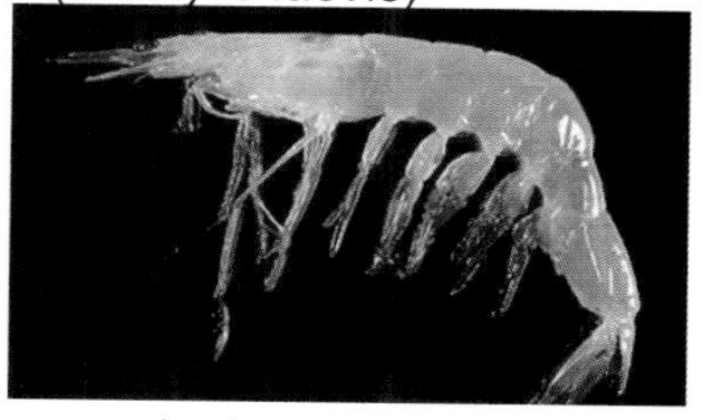

F-2 中型毛虾
(*Acetes intermdius*)

图版9 浮游动物的主要代表——甲壳动物纲（二）
软甲亚纲(Malacostraca)

A 端足目(Amphipoda) B 糠虾目(Mysidacea) C 磷虾目(Euphausiacea) D 等足目(Isopoda) E 涟虫目(Cumacea) F 十足目(Decapoda) 樱虾科(Sergestidae)

A 引自http://www.arcodiv.org
B 引自http://www.mp.umk.pl
C 引自http://www.mbari.org
D引自http://www.diomedia.fr
E 引自http://www.marinespecies.org
F-1引自http://anotheca.com
F-2 、F-3引自http://www.blueanimalbio.com

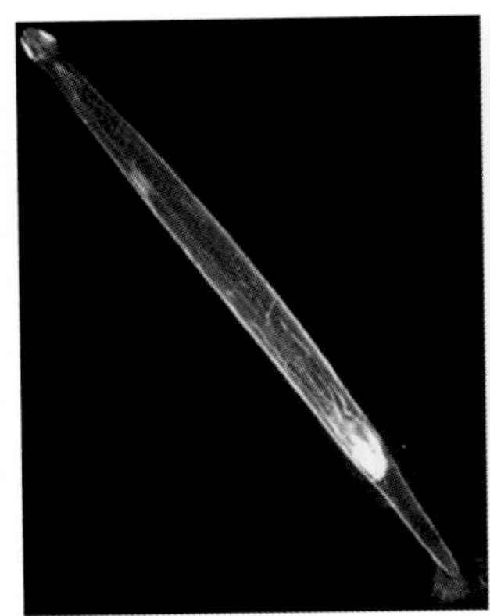

A-1 秀箭虫
(*Sagitta elegans*)

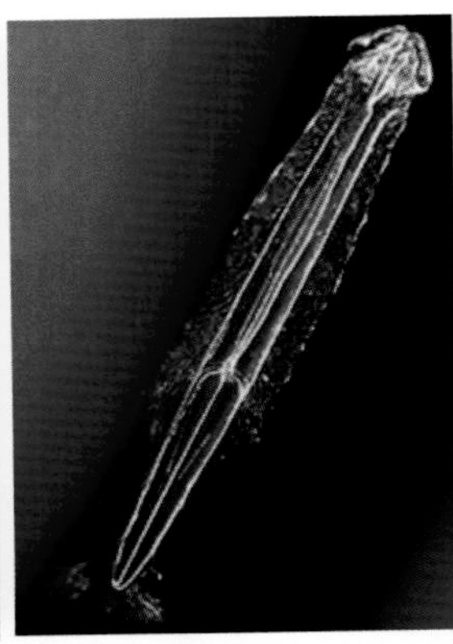

A-2 龙翼箭虫
(*Pterosagitta draco*)

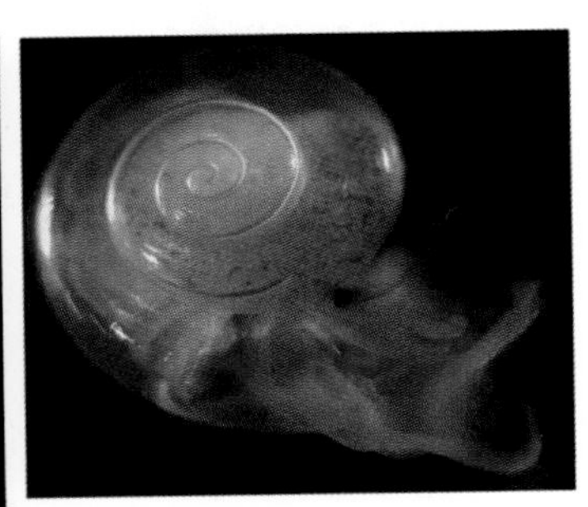

C-1 蛾螺
(*Limacina helicina*)

D-1明螺
(*Atlanta peroni*)

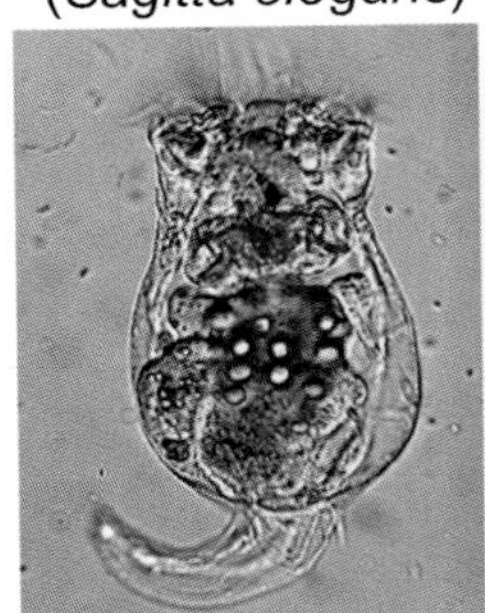

B 臂尾轮虫
(*Brachionus calyciflorus*)

C-2 海若螺
(*Clione limacina*)

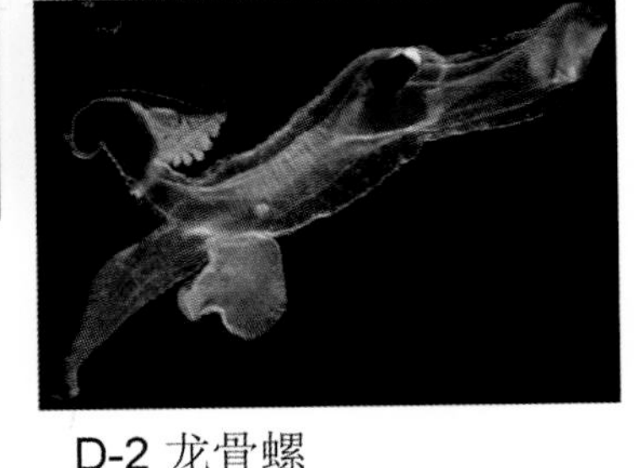

D-2 龙骨螺
(*Carinaria lemarcki*)

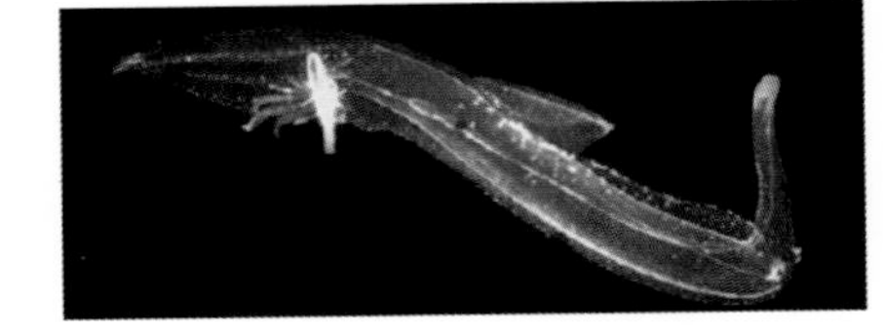

D-3 翼管螺
(*Pterotrachea coronata*)

图版10 浮游动物的主要代表——毛颚动物门、轮虫动物门和软体动物门

A 毛颚动物门(Chaetognatha) B 轮虫动物门(Rotifera)
软体动物门(Mollusca) 腹足纲(Gastropoda): C 翼足目(Pteropoda)
D 异足目(Heteropoda)

A-1 引自 http://www.arcodiv.org
A-2 引自http://static.forskning.no
B 引自http://www.nature.com
C-1 引自http://www.ipsl.jussieu.fr
C-2 引自http://www.blueanimalbio.com
D-1 引自http://www.tolweb.org
D-2 引自http://www.newscientist.com
D-3 引自http://www.eol.org

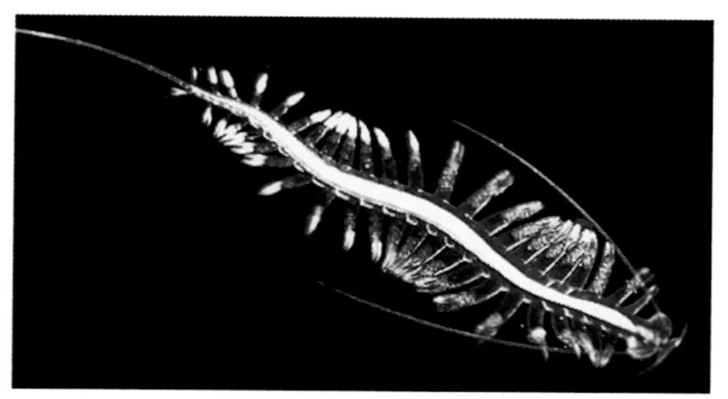

A 太平洋浮蚕
(*Tomopteris pacifica*)

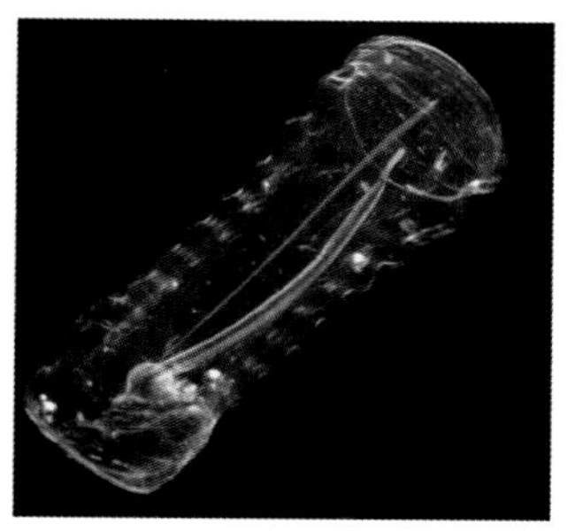

C 圆柱纽鳃樽
(*Salpa cylindrica*)

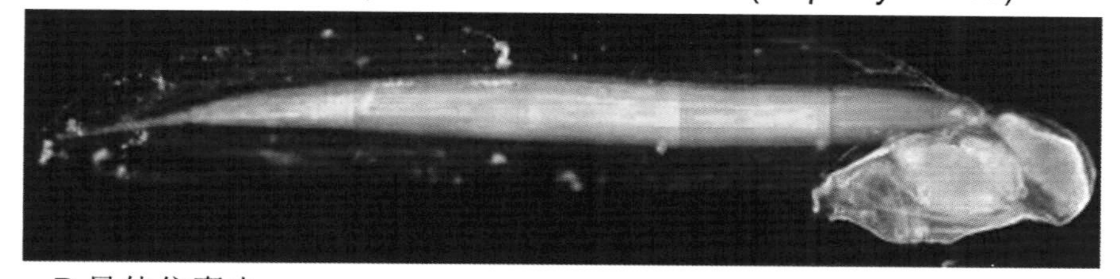

B 异体住囊虫
(*Oikopleura dioica*)

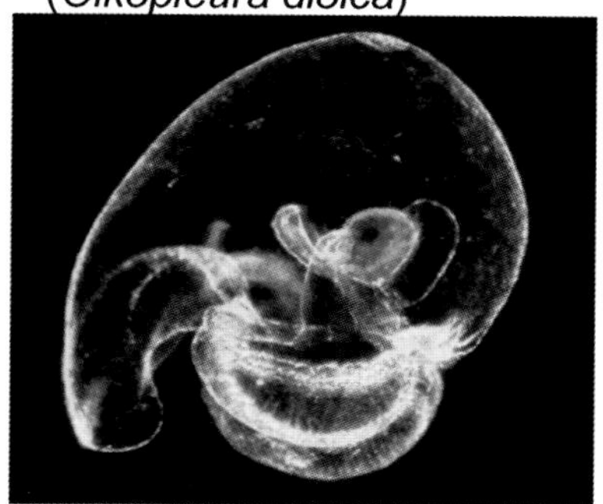

D 帽状幼虫(pilidium)

E 辐轮幼虫(actinotrocha)

图版11　浮游动物的主要代表——环节动物门、尾索动物门和浮游幼虫(一)

环节动物门(Annelida): A 多毛纲(Polychaeta)
尾索动物门(Urochorda): B 有尾纲 (Copelata)　C 海樽纲 (Thaliacea)
浮游幼虫: D 纽虫类　E 帚虫类.

A 引自http://oceanwideimages.com
B 引自http://www.cladocera.de
C 引自http://www.cmarz.org
D 引自http://aspire.mlml.calstate.edu
E 引自http://www.tafi.org.au

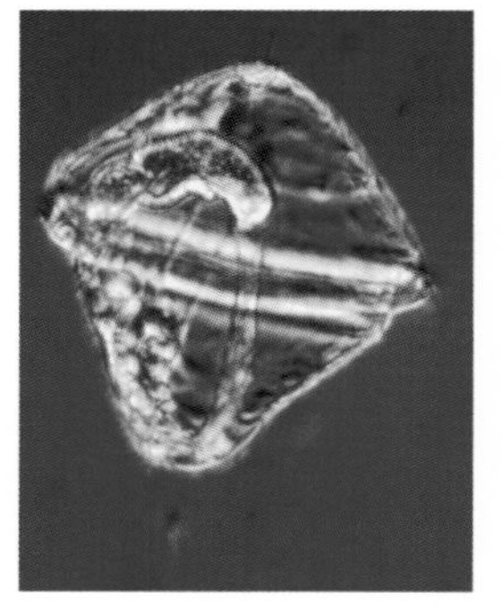

A-1 担轮幼虫(trochophore)

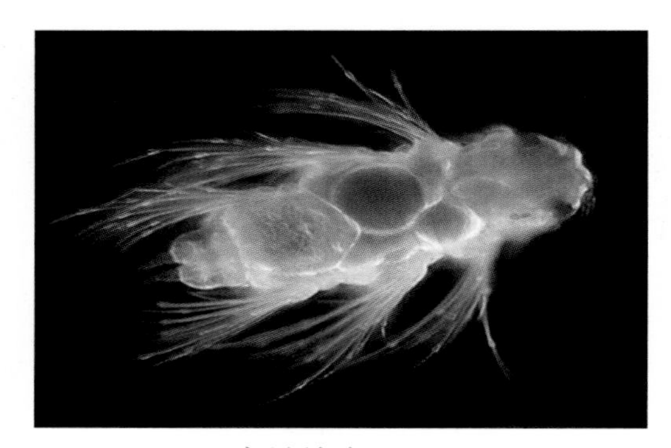

A-2 疣足幼虫(nectochaete)

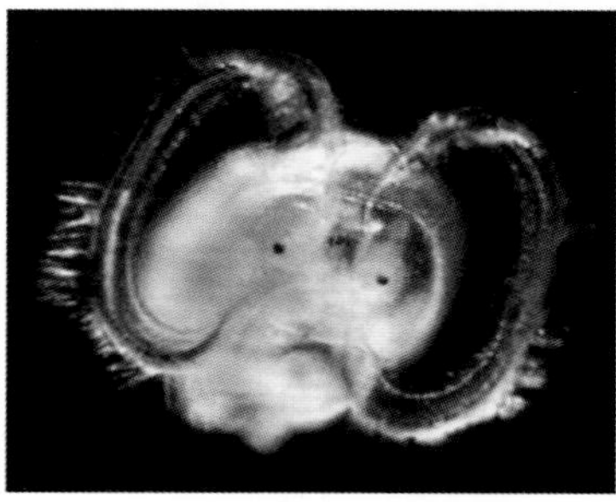

B 面盘幼虫(veliger)　C 无节幼虫(nauplius)　E-1 溞状幼体(zoea)

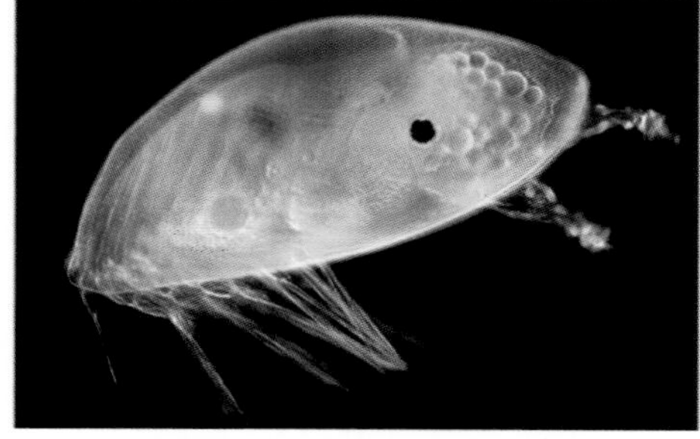

D 腺介幼虫(cypris)

E-2 大眼幼体(megalopa)

图版12　浮游动物的主要代表——浮游幼虫（二）

A 多毛类　B 软体动物　C 甲壳动物　D 蔓足类　E 短尾类

A-1 引自http://biodev.obs-vlfr.fr
A-2 引自http://www.sciencephoto.com
B 引自http://solvinzankl.photoshelter.com
D 引自http://moodyracing.com.au
E-1 引自http://www.serc.si.edu
E-2 引自http://www.awi.de
C 引自http://en.wikipedia.org

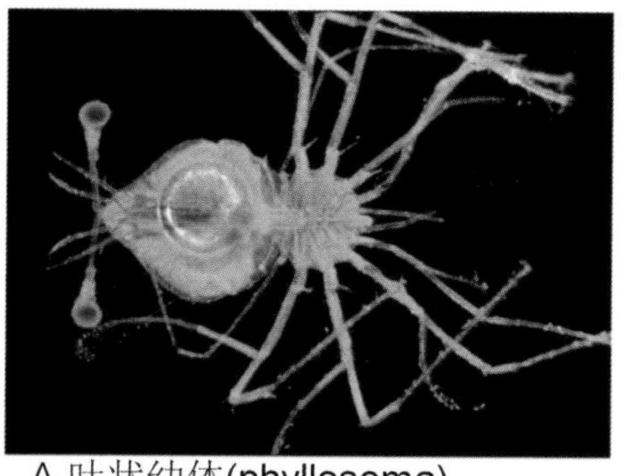

A 叶状幼体(phyllosoma)

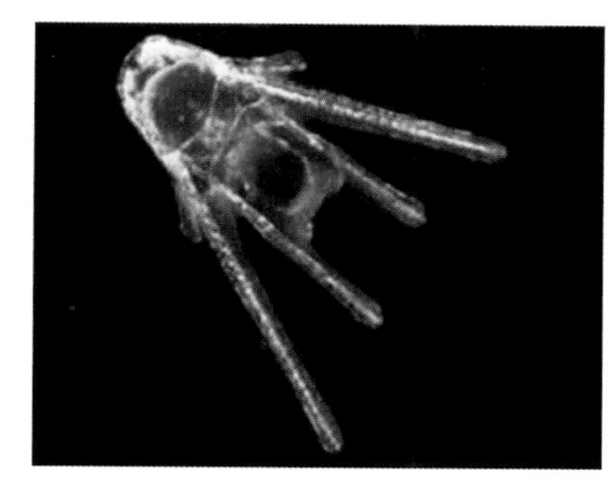

B 长腕幼虫(pluteus)

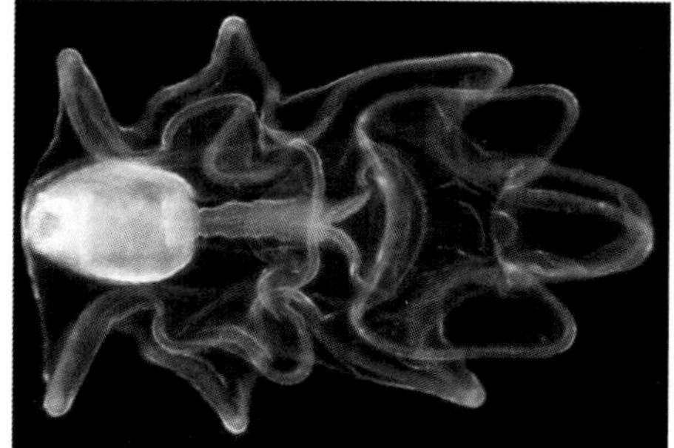

C 羽腕幼虫(bipinnaria)

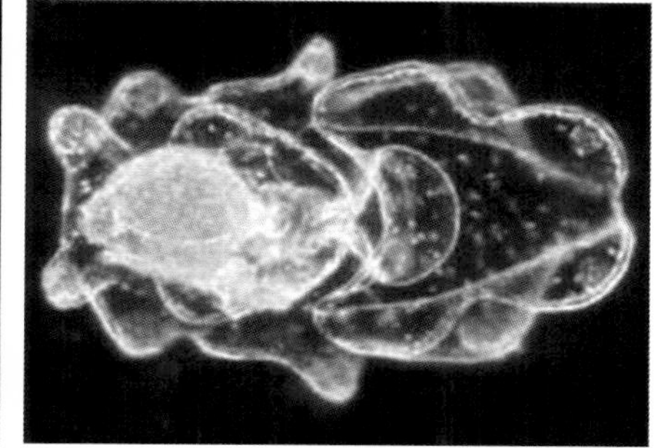

D 耳状幼虫(auricularia)

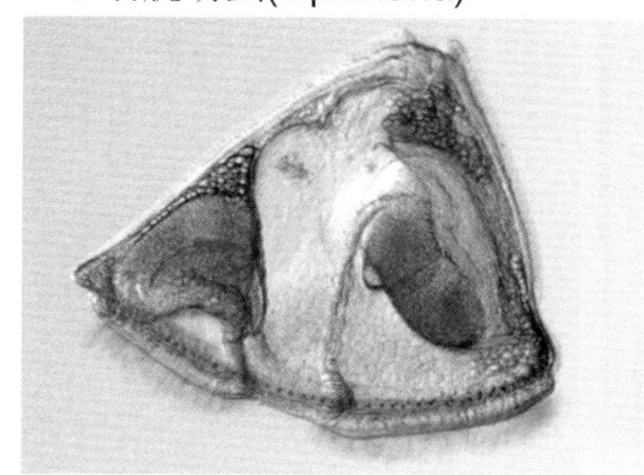

E 双壳幼虫(cyphonautus)

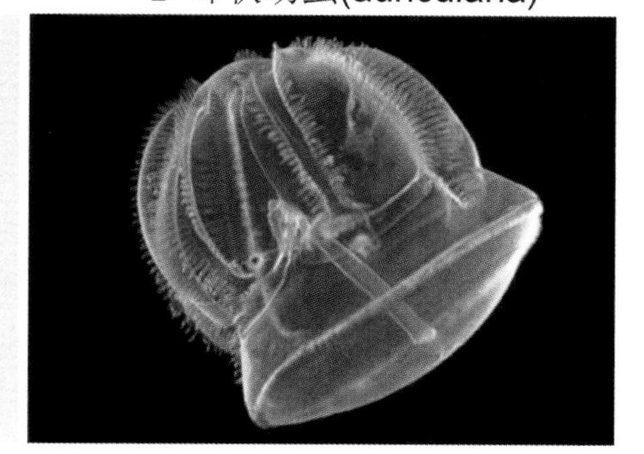

F 柱头幼虫(tornaria)

图版13 浮游动物的主要代表——浮游幼虫（三）

A 龙虾类 B 海胆类 C 海星类 D 海参类 E 苔藓虫类 F 半索类

A 引自http://science-in-salamanca.tas.csiro.au
B 引自http://www.clemson.edu
C 引自http://www.diatomloir.eu
D 引自http://www8.nos.noaa.gov
E引自http://www.tafi.org.au
F 引自http://battlebunny.com

Ⅴ. BENTHOS

Hard-bottom and soft-bottom substrates in the sea provide a wide array of habitats that support numerous species of benthic marine plants and animals. About 200000 benthic species occupy these habitats compared to ~5000 species of larger zooplankton, >20000 species of pelagic fish, and 140 species of marine mammals. These organisms live attached to or move on or in seafloor sediments. Some remain attached to hard substrates (e. g., rocks, shells of organisms, and anthropogenic[1] structures) throughout their lives. Others (i. e., mobile species) move freely on or in bottom substrates in search of food, shelter, or refuges from predators. Most benthic species inhabit soft-bottom substrates (i. e., unconsolidated clay, silt, and sand). The structure of benthic communities depends greatly on physical-chemical conditions in the environment—particularly temperature, salinity, and light—and the character of the substrate (i. e., sediment composition, grain size, sorting, etc.).

In estuarine and continental shelf[2] environments, physical and chemical conditions can fluctuate substantially along the seabed. Most extreme conditions are observed in intertidal and supratidal zones, where bottom habitats are subject to periodic immersion[3] and exposure (Hypersalinities[4] often occur in shallw isolated areas of supratidal zones where evaporation is high), and in surf[5] zones, where sediment flux[6] is considerable due to wave action. Much greater stability exists in deep-sea benthic environments (excluding hydrothermal vent systems), which are characterized by much more uniform temperature and salinity, as well as other factors. In addition, biotic interactions (e. g., competition and predation) on the seafloor can vary markedly in different physiographic[7] regions of the marine realm.

Greater environmental stability in deep-sea and nearshore tropical waters has favored the evolution of more highly diverse benthic communities. In contrast, shallow-water systems in temperate latitudes are typified by more variable environmental conditions and benthic communities with lower species diversity. Here, however, the total abundance of individuals within each species tends to be high, which differs from the low abundances found in deep-sea populations.

【注释】

[1] anthropogenic *adj*. 人类产生的。由 anthropo- 和-genic 构成。
anthropo- 人类。

[2] continental shelf 大陆架。

[3] immersion *n*. 沉入,浸入。
immersion 浸在水中。
emersion 露出水面。

[4] hypersalinity *n*. 超高盐。由 hyper- 和 salinity 构成。
hyper- 超过,高,上。如:
① hyperneuston *n*. 上漂浮生物。由 hyper- 和 neuston 构成。
② hyperosmotic *adj*. 高渗透的。由 hyper- 和 osmotic 构成。
③ hypermetabolism *n*. 代谢亢进。由 hyper- 和 metabolism 构成。
④ hypersecretion *n*. 分泌过多。由 hyper- 和 secretion(*n*. 分泌)构成。

[5] surf *n*. 海浪,拍岸浪。

[6] flux *n*. 变迁,通量。

[7] physiographic *adj*. 地文学的,地形学的。由 physio-和 graphic 构成。
physio- 自然的,生理的,物理的。
graphic *adj*. 图形的(即:地形的)。

A. Benthic Flora

A widely diverse group of bottom-dwelling plants inhabits intertidal and shallow subtidal zones of estuaries and the coastal ocean. Light is a major factor controlling the distribution of these plants, which generally occur in waters less than ~30 m depth. Many species attach directly to the seabed or, more conspicuously, to rocky shores and anthropogenic structures. However, the most productive plant communities are those found in fringing[1] salt marshes and mangroves, as well as shallow subtidal seagrass communities.

The benthic flora are subdivided into microphyte[2] and macrophyte[3] components. The microphytes (or microscopic plants) consist of diatoms (见图版 14:A), dinoflagellates (见图版 14:C), and blue-green algae (见图版 14:B). They commonly inhabit mudflats and sand flats in intertidal habitats, growing on sediment grains or forming mats on sediment surfaces. Significant numbers also exist in saltmarsh and other wetland habitats, as well as in shallow subtidal areas and in coral[4] reef [5] sediments. Others live on stones and rocks as lithophytes[6] and on anthropogenic structures. Motile forms, particularly naviculoid[7] diatoms (见图版 14:A), migrate vertically in sediments in response to changing light conditions.

Microalgae[8] growing on the surfaces of leaves and stems of macrophytes (i. e., epiphytes [9]) form a furlike[10] covering known as periphyton[11] or *Aufwuchs*[12] that provides a rich food supply for many grazing herbivores, such as mud snails, fiddler crabs[13], and herbivorous fish. The group also represents an important food source for suspension[14] and deposit feeders in shallow-water systems. In addition to their importance in the food web, microalgae can influence water chemistry by regulating oxygen and nutrient fluxes across the sediment-water interface.

Primary production of benthic microalgae amounts to ~25 to 2000 g C/m^2/year in marine environments. Lower production values are frequently caused by insufficient light impinging[15] on the sediment surface. This is commonly observed in more turbid systems.

【注释】

[1] fring *v.* 成为……边缘。

[2] microphyte *n.* 微小植物，细菌。由 micro- 和 -phyte 构成。

[3] macrophyte *n.* 大型植物。由 macro- 和 -phyte 构成。

[4] coral *n.* 珊瑚。

corall-，coralli-，corallo-，corallio- 珊瑚。如：

① coralliform *n.* 珊瑚体。由 coralli- 和 form(*n.* 形式，样子)构成。

② *Coralliocaris* 珊瑚虾属。由 corallio- 和 -caris 构成。

③ *Corallina* 珊瑚属。

[5] reef *n.* 礁，暗礁。

[6] lithophyte *n.* 岩表植物，石生植物。由 litho- 和 -phyte 构成。

[7] naviculoid *n.* 舟形藻。由 navicul- 和 -oid（似……的生物）构成。naviculoid 属于 Naviculales 舟形藻目。

[8] microalgae *n.* 微型藻类。由 micro- 和 algae 构成。

[9] epiphyte *n.* 体表寄生菌，附生植物。由 epi- 和 -phyte 构成。

[10] furlike *adj.* 似苔状的。由 fur- 和 like 构成。

fur- 毛皮，苔。

[11] periphyton *n.* 固着生物，水生附着生物。由 peri-和 -phyton 构成。

peri- 附近，围绕。

-phyton 植物。

[12] *Aufwuch* *n.* 附着生物(来自德语)。

[13] fiddler crab 招潮蟹。

fiddler *n.* 小提琴家。

[14] suspension *n.* 悬浮。

[15] impinge *v.* 碰撞，照射。

Benthic macroalgae (seaweeds[1]) are common inhabitants of rocky intertidal zones in temperate and subtropical regions, where they attach to hard substrates via rootlike holdfasts[2] or basal disks[3]. These plants are much less common on mud and sand substrates, being limited by turbidity, sedimentation[4], and shading effects. Some species are free-floating forms in coastal and open ocean【e. g., *Sargassum*(见图版 15:B-1)】waters. Although species of Chlorophyta[5] (green algae) (见图版 15:A), Rhodophyta[6] (red algae) (见图版 15:C), and Phaeophyta[7] (brown algae) (见图版 15:B) are all represented, members of Phaeophyta dominate many shore regions. Rockweeds[8]【Fucales[9](见图版 15:B-3)】, which primarily inhabit rocky intertidal zones in cool temperate latitudes, and kelps[10]【Laminariales[11](见图版 15:B-2)】, which live subtidally, provide examples. Other macroalgae【e. g. , *Cladophora*[12](见图版 15:A-1), *Enteromorpha*[13](见图版 15:A-2), *Ulva*[14](见图版 15:A-3)】are usually less extensive. Some taxa[15](e. g. , *Blidingia minima* var. *subsalsa*[16], and *Enteromorpha clathrata*[17]) attain peak abundances in estuaries.

Macroalgal species often exhibit a conspicuous zonation[18] pattern on many rocky shores. Several factors are largely responsible for this, notably species competition, grazing pressure, and physiological stresses[19] associated with emersion. For example, the lower limits of fucoid[20] algae in the intertidal zone appear to be controlled by species competition, and the upper limits by physiological stresses associated with desiccation[21]. On the rocky shores of New England, the red alga *Chondrus*[22] *crispus*(见图版 15:C-1) dominates the lower intertidal zone outcompeting the brown alga *Fucus vesiculosus*[23](见图版 15:B-3), which predominates farther up the shore. The brown alga is more resistant to desiccation and therefore dominates the middle intertidal zone.

【注释】

[1] seaweed *n.* 海藻(指大型藻类)。

[2] holdfast *n.* 可夹紧之物,固着器。

[3] basal disk 基盘。

basal *adj.* 基部的。

disk *n.* 盘状物。

[4] sedimentation *n.* 沉降,沉淀。

[5] Chlorophyta 绿藻门。由 chloro- 和 -phyta 构成。

[6] Rhodophyta 红藻门。由 rhodo- 和 -phyta 构成。

rhodo- 红色,玫瑰。

[7] Phaeophyta 褐藻门。由 phaeo- 和 -phyta 构成。

phaeo- 褐色,暗色。

[8] rockweed *n.* 生于海岸岩石上的海草(或海藻)。

[9] Fucales 墨角藻目。

[10] kelp *n.* 大型海藻,一种海带。

[11] Laminariales 海带目。

[12] *Cladophora* 刚毛藻属。由 clado- 和 -phora 构成。
clado- 发芽。

[13] *Enteromorpha* 浒苔属。由 entero- 和 -morpha 构成。

[14] *Ulva* 石莼属。

[15] taxa *n.* 分类单元(复数)。单数是:taxon。

[16] *Blidingia minima* var. *subsalsa* 盐生盘苔,盘苔的一个变种。
Blidingia minima 盘苔。

[17] *Enteromorpha clathrata* 条浒苔。

[18] zonation *n.* 动植物的生物地理学的地带分布。

[19] stress *n.* 压力,胁迫。

[20] fucoid *n.* 墨角藻。属 Fucales(墨角藻目)。

[21] desiccation *n.* 干燥,脱水作用。

[22] *Chondrus* 角叉菜属。

[23] *Fucus vesiculosus* 墨角藻。

Primary production of seaweeds can be considerable, at times exceeding those of all other macrophytes. Subtidal kelp beds【i. e. , *Ecklonia*[1] (见图版 15:B-2), *Laminaria*[2], and *Macrocystis*[3] (见图版 15:B-4)】, for example, have annual primary production values ranging from 400 to 1900 g C/m^2/year. Their biomass, in turn, can be greater than several metric tons per square meter. Under certain conditions, blooms of macroalgae develop in subtidal waters, which can have devastating impacts on a system by reducing dissolved oxygen levels and eliminating valuable benthic habitat areas (e. g. , seagrass beds). In contrast harsh environmental conditions in intertidal zones commonly limit the standing crop[4] (biomass) and productivity of benthic macroalgae. Fluctuations of temperature, salinity, light intensity, nutrient availability, sediment stability, as well as competition and grazing pressure, greatly affect the abundance and distribution of macroalgal populations. Periodic submergence[5] and emergence[6] associated with tidal action create stressful conditions for floral assemblages[7] inhabiting intertidal zones. Consequently, production estimates for intertidal habitats are quite variable.

Some of the most extensively developed benthic macroflora[8] occur in salt marsh, mangrove, and seagrass systems. The principal vegetation[9] in these biotopes are flowering plants, which flourish in soft, fine sediments. Saltmarsh plants dominate the plant communities of intertidal zones in mid-and high-latitude regions, although they are most luxuriant [10] in temperate latitudes. Mangroves replace salt marshes as the dominant coastal vegetation at ～28° latitude, and the two communities co-occur between ～27° and 38° latitudes. Seagrasses have a wider distribution, occupying shallow subtidal waters of all latitudes except the most polar. These vascular plants are highly productive throughout the range.

【注释】

[1] *Ecklonia* 昆布属(属于海带目)。

[2] *Laminaria* 海带属。

[3] *Macrocystis* 巨藻属【(旧译)大囊伞属】。由 macro-、-cyst 和 -is(拉丁文学名词尾)构成。

[4] standing crop(= standing stock) 现存量。与 biomass 是同一个概念。
crop *n*. 产量。
stock *n*. 储藏物,库存量,种群。

[5] submergence *n*. 淹没。

[6] emergence *n*. 露出。

[7] assemblage *n*. 集合(在这里应该译为“群落”)。

[8] macroflora(= macrophyte) *n*. 大型植物。

[9] vegetation *n*. 植被。

[10] luxuriant *adj*. 丰产的。

1. Salt Marshes

Along protected marine shores and embayments as well as the margins of temperate and subpolar estuaries, saltmarsh communities【i. e., halophytic[1] grasses (见图版 16:A、C 和 E), sedges[2] (见图版 16:B), and succulents[3] (见图版 16:D)】develop on muddy substrates at and above the mid-tide level. Most of the macroflora belong to a few cosmopolitan[4] genera【i. e., *Spartina*[5] (见图版 16:A), *Juncus*[6] (见图版 16:C), and *Salicornia*[7] (见图版 16:D)】that are broadly distributed, and species diversity is relatively low compared to other plant communities. The flora is more variable in Europe than North America. Along the Atlantic Coast of North America, for example, the diversity of flora is lower than that along the North Atlantic Coast of Europe, with the cordgrass[8] *Spartina alterniflora*[9] (见图版 16:A-1) dominating between mean sea level[10] and mean high water[11] and grading landward into species of *Juncus* and *Salicornia*, as well as *S. patens*[12]. Plant zonation also appears to be more conspicuous in North American salt marshes. In Europe, marshes bordering the Atlantic Ocean, the English Channel, and the North Sea, show distinct compositional variations. The Atlantic marshes are dominated by the genera *Festuca*[13] and *Puccinella*[14]; the south coast of England, by *S. anglica*[15] (见图版 16:A-2) and *S. townsendii*[16]; and the North Sea, by species of *Limonium*[17], *Spergularia*[18], and *Triglochin*[19], in addition to the sea plantain[20] *Plantago maritima*[21] (见图版 16:E).

In North America, salt marshes can be divided into three geographic units: (1) Bay of Fundy[22] and New England marshes; (2) Atlantic and Gulf coastal plain marshes; and (3) Pacific marshes. Compared with the lush marsh vegetation of the Bay of Fundy, New England, Atlantic, and Gulf regions, the Pacific Coast is rather depauperate[23] in saltmarsh grasses. However, the diversity of salt marsh flora on the Pacific Coast tends to be greater than that observed on the Atlantic Coast. The zonation and succession[24] patterns of the flora are also more complex.

Six types of salt marshes have been documented, namely, estuarine,

Wadden[25], lagoon, beach plain[26], bog[27], and polderland[28] varieties. Differences among the saltmarsh types have been attributed to several major factors:

(1) The character and diversity of the indigenous flora;

(2) The effects of climatic, hydrographic[29], and edaphic factors upon this flora;

(3) The availability, composition, mode of deposition, and compaction of sediments, both organic and inorganic;

(4) The organism-substrate interrelationships, including burrowing animals and the prowess of plants in affecting marsh growth;

(5) The topography[30] and areal extent of the depositional surface;

(6) The range of tides;

(7) The wave and current energy; and

(8) The tectonic[31] and eustatic[32] stability of the coastal area.

【注释】

[1] halophytic *adj*. 盐生植物的。由 halo- 和 -phytic(植物的)构成。
halo- 盐的,含卤素的。如:
① haloid *n*. 卤化物。
② halocline *n*. 盐跃层(-cline 斜坡)。
③ halobiont *n*. 盐生生物(-biont 具有特定的生活方式者)。
④ halophobe *n*. 嫌盐生物(-phobe 患特定恐怖症者)。
⑤ halophile *n*. 适盐生物。

[2] sedge *n*. 莎草。

[3] succulent *n*. 肉质植物,多汁植物。

[4] cosmopolitan *adj*. 世界性的。

[5] *Spartina* 大米草属(也叫“网茅属”)。

[6] *Juncus* 灯心草属。

[7] *Salicornia* 盐角草属(属被子植物门藜科)。

[8] cordgrass *n*. 米草。

[9] *Spartina alterniflora* 互花米草。

[10] mean sea level 平均海平面。

[11] mean high water 平均高潮面。
mean high water spring 平均大潮高潮。
spring 大潮。
[12] S. *patens* 伸展网茅(其属名:*Spartina*)。
[13] *Festuca* 羊茅属,狐茅属。
[14] *Puccinella* 碱茅属。
[15] S. *anglica* 大米草。
[16] S. *townsendii* 唐氏米草。
[17] *Limonium* 补血草属。
[18] *Spergularia* 牛漆姑草属。
[19] *Triglochin* 水麦冬属。
[20] plantain *n.* 车前草。
[21] *Plantago maritima* 盐生车前(草)。
[22] Bay of Fundy (加拿大的)芬迪湾。
[23] depauperate *adj.* (植物)发育不全的。*v.* 衰弱。
[24] succession *n.* 连续,(生态)演替。
[25] Wadden *n.* 潮成平地,潮坪,潮浦(复数)。单数是:Wad(此词首字母也可不大写)。
[26] beach plain 海滩平原,海滩平地。
[27] bog *n.* 沼泽。
[28] polderland *n.* 堤围泽地。由 polder(*n.* 新辟低地,围海造的低田)和 land 构成。
[29] hydrographic *adj.* 水文学的。由 hydro- 和 graphic 构成。
[30] topography *n.* 地形学。由 topo-(地方,场所,局部,部位)和 -graphy 构成。
[31] tectonic *adj.* 构造的,建筑的。
[32] eustatic *adj.* 海面变化的。

Ideal sites of saltmarsh development are sheltered coastal areas where erosion[1] is minimal and sediments are regularly deposited. Initial colonization[2] occurs on mudflat surfaces between the levels of mean high water neap (MHWN)[3] and mean high water. Saltmarsh growth proceeds as sedimentation produces a surface above the MHWN level. Gradual accretion[4] of sediments (~3 to 10 mm/year) promotes maturation of the marsh. Successional development of the marsh may be arrested by higher rates of sedimentation, which can also restrict species richness[5].

Tidal salt marshes[6] grade into tidal freshwater marshes farther inland as salinity decreases to low levels. Tidal freshwater marshes supplant tidal salt marshes as the principal benthic floral habitat where the average annual salinity amounts to ~0.5‰ or less in tidally affected areas. This change often takes place considerable distances from bays and open coastal waters. Nontidal freshwater wetlands replace tidal freshwater marshes farther upstream[7].

Primary production of saltmarshes varies greatly. As reviewed by Nybakken, the annual net primary production of saltmarshes in different regions of the United States is as follows: New Jersey (325 g C/m^2/year), Georgia (1600 g C/m^2/year), Gulf Coast (~300 to 3000 g C/m^2/year), California (50 to 1500 g C/m^2/year), and the Pacific northwest (100 to 1000 g C/m^2/year). In European salt marshes, production values generally range from ~250 to 500 g C/m^2/year. Belowground[8] production approaches or even exceeds aboveground[9] production. The belowground biomass of roots and rhizomes[10] in *Spartina* marshes may be two to four times greater than the aboveground biomass of shoots[11] and standing dead matter.

Salt marsh vegetation not only serves as a food source for organisms, but also anchors sediment and reduces erosion. Much of the production enters a complex web of decomposer food chains. Saltmarsh habitats filter many contaminants[12] released from nearby watersheds[13]. In addition, they represent a source or sink of nutrients at various times, and therefore can strongly influence the production of adjacent waters.

【注释】

[1] erosion *n.* 侵蚀。

[2] colonization *n.* 殖民地化,群体在新的地方繁殖。

[3] mean high water neap (MHWN) 平均小潮高潮面。

neap *n.* 小潮。
[4] accretion *n.* 增长。
[5] richness *n.* 丰度，丰富。
[6] tidal salt marshes 潮间带盐沼。
[7] upstream *adv.* 上游，溯流。
[8] belowground *adj.* 低于地面的。
[9] aboveground *adj.* 高于地面的。
[10] rhizome *n.* 根茎，根状茎。
[11] shoot *n.* 枝条，茎干。
[12] contaminant *n.* 污染物。
[13] watershed *n.* 分水线，流域。

2. Seagrasses

Among the most highly productive, widespread communities of vascular plants in shallow temperate, subtropical, and tropical seas are the seagrasses, a group of monocotyledonous[1] angiosperms[2] occurring from the lower intertidal zone down to depths of ~50 m. The most extensive beds or meadows of seagrasses develop in shallow subtidal estuarine and inshore marine waters less than ~5 m in depth. They typically appear as isolated patches to thick carpets of grasses, which can completely blanket the bottom. Seagrass colonization is greatest on soft sediments, but some plants also inhabit hard bottoms.

About 50 species of seagrasses exist worldwide; they belong to 12 genera【i. e., *Amphibolis*[3], *Cymodocea*[4], *Enhalus*[5], *Halodule*[6]（见图版 17:C）, *Halophila*[7]（见图版 17:A-2）, *Heterozostera*[8], *Posidonia*[9], *Phyllospadix*[10]（见图版 17:B-2）, *Syringodium*[11], *Thalassia*[12]（见图版 17:A-1）, *Thalassodendron*[13], and *Zostera*（见图版 17:B-1）】. More taxa inhabit tropical waters than temperate regions. In North America, *Zostera* (eelgrass[14]) is the dominant genus in temperate waters and also has a broad distribution in boreal systems along both the Atlantic and Pacific Coasts. *Thalassia* (turtlegrass[15]) predominates in subtropical and tropical regions. *Halodule* and *Phyllospadix* are two other abundant genera in North American waters.

【注释】

[1] monocotyledonous *adj.* 单子叶植物的。由 mono- 和 cotyledonous 构成。
cotyledonous *adj.*（植物）有子叶的。（cotyli- 或 cotylo- 杯子，子叶）。

[2] angiosperm *n.* 被子植物。

[3] *Amphibolis* 根枝草属。

[4] *Cymodocea* 丝粉藻属。

[5] *Enhalus* 海菖蒲属。

[6] *Halodule* 二药藻属。

[7] *Halophila* 喜盐草属（也称盐藻属）。由 halo-和-phila（热爱……者）构成。

[8] *Heterozostera* 异大叶藻属。由 hetero- 和 zostera 构成。
Zostera 大叶藻属。

[9] *Posidonia* 波喜荡草属。

[10] *Phyllospadix* 虾海藻属。

[11] *Syringodium* 针叶藻属。

[12] *Thalassia* 泰莱藻属。

[13] *Thalassodendron* 全楔草属。

[14] eelgrass *n.* 鳗草。

[15] turtlegrass *n.* 海龟草。

Seagrass distribution depends on several physical-chemical factors, particularly light, temperature, salinity, turbidity, wave action, and currents. Extensive seagrass meadows tend to form in areas of low water movement, whereas mounds[1] or patches of grasses commonly appear in areas exposed to high water motion. As seagrasses grow, they naturally dampen wave action and current flow, thereby promoting the deposition of sediments and the expansion of the beds.

Seagrasses are morphologically similar. A network of roots and rhizomes anchors the plants to the substrate, and a dense arrangement of stems and straplike[2] leaves grow above the substrate , in some cases reaching the water surface. The stems and blades are ecologically important because they provide subhabitats[3] for epibenthic[4] flora and fauna. Many commercially and recreationally important finfish[5] and shellfish species utilize seagrass habitats as feeding and reproductive grounds, as well as nursery[6] areas.

Aside from their value as habitat formers, seagrass meadows contribute significantly to the primary production of estuarine waters. Seagrass annual primary production estimates vary from ～60 to 1500 g C/m^2/year. As in the case of saltmarsh habitats, belowground production of roots and rhizomes in seagrass meadows can rival that of leaf and shoot production. Most production estimates are for the two most intensely studied species, specifically *Zostera marina*[7] and *Thalassia testudinum*[8].

【注释】

[1] mound *n.* 土墩，护堤，隆起。

[2] straplike *adj.* 叶舌状。由 strap- 和 like 构成。

strap *n.* 叶舌。

[3] subhabitat *n.* 亚生境。由 sub- 和 habitat(*n.* 栖息地，生境)构成。

sub- 亚，次，在……之下。如：

① subfamily 亚科。由 sub- 和 family(*n.* 科)构成。

② subfauna *n.* 动物的亚区系。由 sub- 和 fauna(*n.* 动物区系)构成。

③ subtidal *adj.* 潮下的。由 sub- 和 tidal(*adj.* 潮汐的)构成。

④ sublayer *n.* (海洋的)次表层。由 sub- 和 layer (*n.* 层)构成。

[4] epibenthic *adj.* 浅海底的。由 epi- 和 benthic 构成。

[5] finfish *n.* 长须鲸(也有的写成:fin whale)。(注意:finfishes 是"鱼类"，shellfish 是"贝类"，二者相对应)。

[6] nursery *n.* 托儿所，动物繁殖场(幼体发育的场所)，育苗室(包括孵化和幼体培育的车间)。

hatchery *n.* 育苗室(仅指孵化室)。

[7] *Zostera marina* 其 common name 是 eelgrass(鳗草)，也有的译为"海韭菜"。

[8] *Thalassia testudinum* 其 common name 是 turtlegrass(海龟草)，也有的译为"泰莱藻"。

3. Mangroves

Mangroves consist of inshore communities of halophytic trees, palms, shrubs, and creepers[1] that are physiologically adapted to grow in saline conditions along subtropical and tropical coastlines[2] of the world between ~28°N and 25°S latitudes. These communities grow as forests or dense thickets[3] on unconsolidated sediments, ranging locally from the highest tide mark down nearly to mean sea level. They are most extensively developed[4] on intertidal and shallow subtidal zones of protected embayments, tidal lagoons, and estuaries, where wave energy is reduced and sheltered conditions foster sediment accretion[5]. Mangroves heavily colonize the tropics, fringing[6] up to 75% of the coastline in this region.

Mangrove trees are stabilized in bottom sediments by an array of shallow roots. Prop[7] or drop roots extend from the trunk and branches of the trees and terminate only a few centimeters in the sediments. Cable[8] roots extend horizontally from the stem base and support air roots (i. e., pneumatophores[9]) that project vertically upward to the surface. The pneumatophores enable the roots to receive oxygen despite being surrounded by anoxic muds. Anchoring and feeding types of roots form on prop, drop, and cable roots. The root systems mitigate[10] erosion, enhance bank stabilization[11] and protect the shoreline.

There are about 80 species of monocots[12] and dicots[13] belonging to 16 genera that have been described in mangrove communities, with at least 34 species in 9 genera believed to be true mangroves. *Avicennia*[14], *Bruguiera*[15](见图版 17:D-1), *Rhizophora*[16](见图版 17:D-2), and *Sonneratia*[17] appear to be the dominant genera. In the United States, Florida has the most well-developed mangroves. Here the black mangrove (*A. germinans*[18]), red mangrove (*R. mangle*[19]), and white mangrove (*Laguncularis racemosa*[20]) dominate the communities. Mangroves line more than 1.7×10^5 ha[21] of the Florida coastline.

【注释】

[1] creeper *n.* 爬行者,爬行动物。

[2] coastline *n.* 海岸线。
[3] thicket *n.* 灌木丛。
[4] develop *v.* 发展(意:繁育)。
[5] accretion *n.* 增长。
[6] fringe *v.* 围……边缘。
[7] prop *n.* 直立的坚实支持物。
[8] cable *n.* 电缆,索。cable root 指植物在地下蔓延的比较粗的根。
[9] pneumatophore *n.* 呼吸根。由 pneumato- 和 -phore 构成。
pneumato- 空气,呼吸。
[10] mitigate *v.* 减轻,缓和。
[11] stabilization *n.* 稳定化。
[12] monocot *n.* 单子叶植物。
[13] dicot *n.* 双子叶植物。
[14] *Avicennia* 海榄雌属(马鞭草科)。
[15] *Bruguiera* 木榄属(红树科)。
[16] *Rhizophora* 红树属(红树科)。
[17] *Sonneratia* 海桑属(海桑科)。
[18] *A. germinans* 海榄雌属(马鞭草科)的一个种。
[19] *R. mangle* 美国红树。
[20] *Laguncularis racemosa* 拉贡木(使君子科)。
[21] ha(= hectare) *n.* 公顷。

Mangrove vegetation generally grows in a zoned pattern due to different species tolerances to salinity, tidal inundation[1], and other factors. In South Florida, for example, *Conocarpus erectus*[2] (or buttonwood) occasionally is encountered in the upper intertidal zone, but usually comprises part of the sand/strand[3] vegetation. *Laguncularis racemosa* predominates in the middle and upper intertidal zone, whereas *A. germinans* occupies sites in the lower intertidal. *Rhizophora mangle* extends seaward of *A. germinans*, building a fringe of vegetation in shallow subtidal waters. The zonation of mangroves is usually more pronounced in other geographic regions, such as the Indo-Pacific, where more species (~30 to 40) are present.

Annual primary production of mangroves ranges from ～350 to 500 g C/m^2/year. Wood production accounts for ～60% of mangrove net primary production, and leaves, twigs, and flowering parts are responsible for the remainder. Most of this production goes ungrazed[4] and enters detritus food chains. The standing crops of mangrove forests, in turn, are typically great, with aboveground biomass values commonly exceeding 2000 g/m^2 (dry weight). Most of this biomass is due to the growth of stems and prop roots and less to the growth of branches and leaves.

【注释】

[1] inundation *n.* 洪水,泛滥,浸水。

[2] *Conocarpus erectus* 直立锥果木(使君子科)。

[3] strand *n.* 绳,海滨,河岸。

[4] ungrazed *adj.* 草食性动物不能吃的。

B. Benthic Fauna

Based on where they live relative to the substrate, benthic animals are broadly subdivided into epifauna[1], which live on the surface of soft sediments and hard bottoms, and infauna[2], which live within soft sediments. Most of the benthic fauna (～80%) consist of epifaunal populations. Commonly occurring infauna are burrowing clams (见图版 22:B-2), polychaete worms (见图版 20:A), and various gastropods (见图版 22:C). Important epifauna include barnacles[3] (见图版 23:D), corals (见图版 19:B、C 和 D), mussels[4] (见图版 22:B-1), bryozoans[5] (见图版 25:F), and sponges (见图版 18:D 和 E). Another group of organisms live in close association with the substrate, but also swim above it (e. g., crabs, prawns[6], and flatfish[7]).

Benthic fauna are also subdivided by size into micro-, meio-, macro-, and megafauna[8]. The microfauna constitute those individuals smaller than 0.1 mm in size. Protozoans—mainly ciliates (见图版 18:C) and foraminiferan (见图版 18:B) —largely comprise this group. The largest protozoans, the Xenophyophoria[9] (见图版 18:A), are abundant in the hadal zone. The meiofauna, are larger animals retained on sieves[10] of 0.1～1.0- mm mesh. Two categories are differentiated: (1) temporary meiofauna, which are juvenile[11] stages of the macrofauna; and (2) permanent meiofauna, i. e. , gastrotrichs[12] (见图版 21:E), kinorhynchs[13] (见图版 21:F), nematodes[14] (见图版 21:C), rotifers, archiannelids[15] (见图版 20:A-7), halacarines[16] (见图版 24:D), harpacticoid copepods (见图版 23:B), ostracods (见图版 23:A), mystacocarids[17] (见图版 23:C), and tardigrades[18] (见图版 21:D) as well as representatives of the bryozoans, gastropods, holothurians[19] (见图版 25:C), hydrozoans (见图版 19:A), oligochaetes[20] (见图版 20:B), polychaetes, turbellarians[21] (见图版 21:A), nemertines[22] (见图版 21:B), and tunicates (见图版 25:H). Still larger animals (1 mm ～20 cm) captured on 1-mm mesh sieves comprise the macrofauna. Many species of bivalves, gastropods, polychaete worms, and other taxa provide examples. The clams, oysters, scallops[23] and the other Bivalvia have two shells that are on either side of the organism. The oldest part of the shell is located at the hinge joint[24]. This section is called the umbo[25]. When we examine a shell, growth rings[26] can be discerned as concentric lines progressing away from the umbo. The two shells are opened and closed by the adductor[27]. The largest benthic fauna, exceeding 20 cm in size, are the megafauna.

【注释】

[1] epifauna *n.* 底上动物(或底上动物区系)。由 epi- 和 fauna 构成。
[2] infauna *n.* 底内动物(或底内动物区系)。由 in- 和 fauna 构成。
[3] barnacle *n.* 藤壶。属甲壳动物纲的蔓足亚纲。
[4] mussel *n.* 贻贝。
[5] bryozoan *n.* 苔藓虫。
[6] prawn *n.* 虾(泛指游泳虾类)。
[7] flatfish *n.* 比目鱼(鲆,鲽,鳎)。
[8] megafauna 巨型动物。由 mega- 和 fauna 构成。

[9] Xenophyophoria 丸壳亚纲。

[10] sieve *n.* 筛，滤网。

[11] juvenile *n.* 幼稚的个体。

[12] gastrotrich *n.* 腹毛类动物。其拉丁文学名为：Gastrotricha 腹毛动物门。由 gastro- 和 -trich 构成。

-trich 毛，发，丝。作词头时为 tricho- 或 trichi-。如：

① trichobacteria *n.* 毛细菌，丝状细菌，鞭毛细菌。由 tricho- 和 bacteria 构成。

② *Trichodon* 毛齿鱼属。由 tricho- 和 -odon（具齿的）构成。

③ *Trichogaster* 毛腹鱼属。由 tricho- 和 gaster 构成。

④ *Trichosporum* 毛孢子菌属。由 tricho-、sporo-（或 spori-）和-um 构成。

[13] kinorhynch *n.* 动吻虫。其拉丁文学名为：Kinorhyncha 动吻动物门。由 kino- 和 -rhynch 构成。

kino-（或 cino-）行动，运动。

-rhynch 吻，喙，鼻子。

[14] nematode *n.* & *adj.* 线虫类（的）。由 nemato- 和 -de（词尾）构成。线虫类动物的拉丁文学名为：Nematoda（线虫动物门）。

[15] archiannelid *n.* 原环虫。由 archi- 和 annelid 构成。原环虫动物的拉丁文学名为：Archiannelida 原环虫目（属环节动物门的多毛纲）。

archi- 初，旧，原始，第一。

annelid *n.* 环节动物。

[16] halacarine *n.* 海螨。其拉丁文学名为：Halacarinae 海螨亚科（属节肢动物门蛛形纲海螨科）。

[17] mystacocarid *n.* 须虾。其拉丁文学名为：Mystacocarida 须虾亚纲（属节肢动物门）。由 mystaco- 和 carid 构成。

mystaco- 有口毛的。

[18] tardigrade *n.* & *adj.* 缓步类动物（的）。由 tardi-（迟缓）和 -grade 构成。缓步类动物的拉丁文学名为：Tardigrada 缓步动物门。

[19] holothurian *n.* & *adj.* 海参（的）。其拉丁文学名为：Holothurioidea 海参纲（属棘皮动物门）。

[20] oligochaete *n.* & *adj.* 寡毛纲动物（的）。由 oligo-（寡）和 chaete 构

成。寡毛纲动物的拉丁文学名为:Oligochaeta 寡毛纲(属环节动物门)。

[21] turbellarian *n.* & *adj.* 涡虫(的)。其拉丁文学名为:Turbellaria 涡虫纲(属扁形动物门)。

[22] nemertine(= nemertean) *n.* & *adj.* 纽虫(的)。其拉丁文学名为:Nemertea 纽形动物门。

[23] scallop *n.* 扇贝。

[24] hinge joint 绞合部。

[25] umbo *n.* 壳顶。复数为:umbos 或 umbones。

[26] growth ring 生长轮。

[27] adductor *n.* 闭壳肌。

Abundance of benthic organisms decreases from estuaries to the deep sea. In estuaries and on the continental shelf, microfaunal densities in bottom sediments exceed 10^7 individuals/m^2. Meiofaunal densities range from ~10^4 to 10^7 individuals/m^2 in these environments, and decline to ~10^4 to 10^5 individuals/m^2 in deep-sea sediments. Abundance of benthic macrofauna, especially opportunistic species【e. g. , *Mulinia lateralis*[1], *Pectinaria gouldi*[2](见图版 20:A-1), and *Capitella capitata*[3](见图版 20:A-2)】, can be greater than 10^5 individuals/m^2 in some estuarine and shallow coastal marine systems. However, the density of the macrofauna drops to ~30 to 200 individuals/m^2 in the deep sea. Here, the biomass averages only ~0. 002 to 0. 2 g/m^2.

The most common benthic fauna are members of Mollusca. There are seven classes of living mollusks: They are Polyplacophora[4] (Amphineura[5]) (见图版 22:A), Gastropoda (见图版 22:C), Bivalvia (Pelecypoda[6]) (见图版 22:B), Cephalopoda[7] (见图版 22:D), Scaphopoda[8] (见图版 22:E), Aplacophora[9] (见图版 22:F) and Monoplacophora[10]. The class, Monoplacophora, is the smallest shelled animal[11] discovered in the early 1950's at a depth of around 3500 m. , taken in a grab[12] by the ship Galathea off the Pacific coast of[13] Mexico. Tracy I. Storer has described the general characteristics of Mollusca. His description is duplicated below:

【注释】

[1] *Mulinia lateralis* 侏儒蛤属的一个种,属双壳纲蛤蜊科。

[2] *Pectinaria gouldi* 笔帽虫属的一个种,属环节动物门多毛纲。

[3] *Capitella capitata* 小头虫,属环节动物门多毛纲。

[4] Polyplacophora 多板纲。由 poly-、placo- 和 -phora 构成。

[5] Amphineura 双神经纲。

[6] Pelecypoda 斧足纲(= Lamellibranchia 瓣鳃纲=Bivalvia 双壳纲)。

[7] Cephalopoda 头足纲。由 cephalo- 和 -poda 构成。

cephalo- 头。如:

cephalothorax *n.* 头胸部。由 cephalo- 和 thorax 构成。

[8] Scaphopoda 掘足纲。

[9] Aplacophora 无板纲。由 a-(无)、placo- 和 -phora 构成。

[10] Monoplacophora 单板纲。

[11] shelled animal 贝类。

[12] grab *v.* 抓;*n.* 采泥器。

[13] off the coast of… ……沿海,近海。

(1) Symmetry bilateral (viscera[1] and shell coiled in Gastropoda and some Cephalopoda); 3 germ layers[2]; no segmentation; epithelium[3] 1-layered, mostly ciliated and with mucous[4] glands.

(2) Body usually short, enclosed in a thin dorsal mantle[5] that secretes a shell of 1, 2 or 8 parts (shell in some, internal, reduced[6], or none); head region developed (except Scaphopoda, Pelecypoda); ventral muscular foot[7] variously modified for crawling, burrowing, or swimning.

(3) Digestive tract complete, often U-shaped or coiled; mouth with a radula[8] bearing transverse rows of minute chitinous[9] teeth to rasp food (except Pelecypoda); anus[10] opening in a mantle cavity[11]; a large digestive gland (" liver") and often salivary[12] glands.

(4) Circulatory system includes a dorsal heart with 1 or 2 auricles[13] and a ventricle[14], usually in a pericardial cavity[15], an anterior aorta[16], and other vessels.

(5) Respiration by 1 to many gills (ctenidia[17]) or a "lung " in the

mantle cavity, by the mantle, or by the epidermis[18].

(6) Excretion by kidneys (nephridia[19]), either 1 or 2 pairs or 1, connecting the pericardial cavity and veins[20]; coelom reduced[21] to cavities or nephridia, gonads, and pericardium[22].

(7) Nervous system typically of 3 pairs of ganglia[23] (cerebral[24] above mouth, pedal[25] in foot, visceral[26] in body), joined by longitudinal and cross connectives and nerves; many with organs for touch, smell or taste, eyespots[27] or complex eyes, and statocysts for equilibration.

(8) Sexes usually separate (some hermaphroditic, a few protandric[28]); gonads 2 or 1, with ducts; fertilization external or internal; mostly oviparous[29]; egg cleavage determinate[30], unequal, and total (discoidal[31] in Cephalopoda); a veliger (trochophore) larva, or parasitic stage (Unionidae[32]), or development direct[33] (Pulmonata[34], Cephalopoda); no asexual[35] reproduction.

【注释】

[1] viscera *n.* 内脏。

[2] germ layer 胚层。

[3] epithelium *n.* 上皮。epitheliums = epithelia(复数)。

[4] mucous *adj.* 粘(液)的。

[5] dorsal mantle 背套膜。
    dorsal *adj.* 背的。
    mantle *n.* 套膜。

[6] reduce *v.* 减少,缩小,退化,分化,还原,减数分裂。

[7] muscular foot 肉足。
    muscular *adj.* 肌肉的。

[8] radula *n.* 齿舌,齿板。radulae(复数)。

[9] chitinous *adj.* 几丁质的。

[10] anus *n.* 肛门。

[11] mantle cavity 套膜腔。

[12] salivary *adj.* 唾液的。

[13] auricle *n.* 心耳。

[14] ventricle *n.* 心室。

[15] pericardial cavity 心包腔,围心窦。

pericardial *adj.* 心包的。

[16] aorta *n.* 主动脉。aortae(复数)。

[17] ctenidia(= ctenidiums) *n.* 栉鳃(复数)。单数是:ctenidium。

[18] epidermis *n.* 表皮。由 epi- 和 -dermis 构成。

-dermis 皮肤或组织的层。如:

① endodermis *n.* 内皮层。由 endo-(向内的)和 -dermis 构成。

② gastrodermis *n.* 肠表皮。由 gastro-(腹侧,胃,营养)和-dermis 构成。

[19] nephridia(= nephridiums) *n.* 原肾(复数)。单数是:nephridium。

[20] vein *n.* 血管,静脉。

[21] reduce *v.* 减少,缩小,退化,分化,还原,减数分裂。

[22] pericardium *n.* 心包膜,心包。pericardiums = pericardia(复数)。

[23] ganglia *n.* 神经节(复数)。单数是:ganglion。

[24] cerebral *adj.* 大脑的。

[25] pedal *adj.* 足的。

[26] visceral *adj.* 内脏的。

[27] eyespot *n.* 眼点。由 eye 和 spot 构成。

[28] protandric *adj.* 雄性先熟的。

[29] oviparous *adj.* 卵生的。由 ovi- 和 parous(*adj.* 生的,产的)构成。

ovi-(或 ovo-)卵,蛋。如:

① ovicyst *n.* 卵囊。由 ovi- 和 -cyst 构成。

② oviduct *n.* 输卵管。由 ovi- 和 duct(*n.* 导管)构成。

③ ovotestis *n.* 卵精巢。由 ovo- 和 testis 构成。

[30] determinate *adj.* 明确的,确定的,(卵裂)定型的。

[31] discoidal *adj.*(卵裂)盘状的。

disco- 圆,盘。如:

① *Discoderma* 盘(圆)皮海绵属。由 disco- 和 -derma(皮,有某种特定类型皮肤的生物)构成。

② Disconectae(腔肠动物的)盘泳亚目。由 disco- 和 -nectae(具有特定游泳方式的生物)构成。

③ *Disconema* 圆盘线虫属。由 disco- 和 -nema 构成。

[32] Unionidae 珠蚌科。

[33] development direct 直接发育。

development indirect 间接发育。

[34] Pulmonata 肺螺亚纲。

pulmo- 肺。如：

pulmometry 肺量测定法。由 pulmo- 和 metry(*n.* 测定法)构成。

[35] asexual *adj.* 无性的。由 a- 和 sexual(*adj.* 有性的)构成。

1. Spatial Distribution

Bottom habitats in marine environments differ greatly in physical characteristics, such as sediment properties, presence of hard substrates, depth, temperature, light, wave action, currents, and degree of exposure and desiccation (in intertidal and supratidal zones). Biotic interactions (e.g., competition, predation, and grazing) also vary from one type of habitat to another. Hence, both physical and biological factors must be considered when assessing the spatial distribution of benthic fauna in these environments.

A conspicuous feature of many rocky, sandy, and muddy shores is animal zonation. On the rocky intertidal shores of England, for example, two faunal groups are documented. Barnacles【*Chthamalus stellatus*[1]（见图版 23:D-1)】, gastropods【*Littorina neritoides*[2]（见图版 22:C-1)】, and isopods【*Ligia* sp.[3]（见图版 24:A)】predominate in the upper intertidal zone, and barnacles【*Balanus balanoides*[4]（见图版 23:D-2)】, limpets[5]【*Patella vulgata*[6]（见图版 22:C-2)】, and mussels【*Mytilus edulis*[7]（见图版 22:B-1)】extend from the middle intertidal zone to the subtidal fringe.

On sandy shores of England, amphipods【*Talitrus saltator*[8]（见图版 24:B-3) and *Talorchestia* sp.[9]（见图版 24:B-1)】are most abundant in the upper intertidal zone. Lugworms[10]【*Arenicola marina*[11]（见图版 20:A-3)】, cockles (*Cardium edule*[12]), and a number of crustaceans (i.e., species of *Bathyporeia*[13], *Eurydice*[14], and *Haustorius*[15]) occur in the middle intertidal zone. Bivalves (*Cardium edule*, *Ensis ensis*[16], and *Tellina* sp.[17]) dominate toward low water.

【注释】

[1] *Chthamalus stellatus* 星状小藤壶。

[2] *Littorina neritoides* 滨螺。

[3] *Ligia* sp. 海蟑螂属中的一种。

[4] *Balanus balanoides* 龟头藤壶。

[5] limpet *n.* 帽贝。

[6] *Patella vulgata* 帽贝属的一种。

[7] *Mytilus edulis* 紫贻贝的曾用拉丁文学名，现在是 *Mytilus galloprovincialis*。

[8] *Talitrus saltator* 欧洲沙蚤。

[9] *Talorchestia* sp. 愚钩虾属的一种，属跳钩虾科。

[10] lugworm *n.* 沙蠋。

[11] *Arenicola marina* 海洋沙蠋，属 Arenicolidae(沙蠋科)。

[12] *Cardium edule* 鸟蛤。

[13] *Bathyporeia* 端足类中的一个属。

[14] *Eurydice* 宽水虱属。

[15] *Haustorius* 钩虾属，有时也写成：*Haustoriius*。

[16] *Ensis ensis* 剑蛏属中的一个种。

[17] *Tellina* sp. 樱蛤属中的一种。

On muddy shores of England, lugworms (*A. marina*), amphipods 【*Corophium volutator*[1] (见图版 24: B-2)】, and polychaetes 【*Nereis diversicolor*[2] (见图版 20: A-4)】 occupy the middle intertidal zone, although *A. marina* and *C. volutator* extend into upper intertidal areas. Bivalves (i. e., species of *Cardium*, *Macoma*[3], and *Tellina*) are found toward low water. They often attain high abundances in this area.

Benthic communities generally exhibit patchy distribution patterns resulting from the responses of organisms to physical, biological, or chemical factors. The patchiness is both temporally and spatially variable. Clustering of benthic fauna is often apparent even over very small areas of a few centimeters. The nature of bottom sediments alone may account for much patchiness. For instance, the polychaetes, *Polydora ligni*[4] and the clams *Scrobicularia plana*[5] live in muddy sediments, and high densities of the worms commonly occur in local areas containing high concentrations of organic matter. In contrast, the polychaetes *Ophelia* spp.[6] (见图版 20:A-5) and the amphipods *Bathyporeia* spp. and *Haustorius* spp. prefer sandy bottoms. Clumping of these populations may reflect larval settlement patterns.

Some populations【e. g. , periwinkles[7] (见图版 22:C-1)】have adapted gregarious[8] behavior to increase their probability of successful reproduction. The clustering of other fauna is ascribable to predation and competition. This may be most evident along rocky, intertidal shores. The proximity of many epifaunal predators elicits responses from infaunal prey that commonly leads to a repositioning of individuals within the sediment column. Predators directly modulate the abundance of their prey by consuming larvae, juveniles, and adults alternatively; they indirectly influence the survivorship of their prey by burrowing through sediments, disturbing the sediment surface, and reducing larval settlement.

【注释】

[1] *Corophium volutator* 旋卷裸蠃蜚。

[2] *Nereis diversicolor* 沙蚕属中的一种。

[3] *Macoma* 白樱蛤属。

[4] *Polydora ligni* 利氏才女虫。

[5] *Scrobicularia plana* 属双带蛤科(Scrobiculariidae = Semelidae)中的一个种类。

[6] *Ophelia* spp. 海蛹属中的几个种类。

[7] periwinkle *n*. 滨螺。属于 *Littorina*(滨螺属)。

[8] gregarious *adj*. 群居的,社交的。

Competitive interactions between species in soft-bottom benthic communities can be mitigated by vertical partitioning of sediments. Feeding and burrowing activities govern the vertical distribution and abundance of certain infaunal populations. Constraints on burrowing depth due to body size, rather than resource partitioning of competitors, have been shown to be critical in regulating the position of the infauna in sediments of some estuaries.

The geochemistry of bottom sediments exerts[1] some control on the vertical distribution of benthic fauna that can lead to the clumping of individuals at various points below the sediment-water interface. The infauna, for example, are responsive to vertical gradients of dissolved oxygen. The macrofauna concentrate in the oxygenated[2] surface sediments and decline in abundance with increasing depth and decreasing oxygen levels. Some representatives of the microfauna and meiofauna, however, peak in abundance in the deeper sediment layers. Other factors influencing the vertical zonation of the fauna include food availability, amount of organic matter, and sediment grain size.

Random perturbations[3] or stochastic[4] events associated with physical disturbances of the seafloor are capable of restructuring benthic communities. Wave-induced disturbances, dredging and dredged material disposal, and sediment erosion during high-magnitude[5] storms cause major aperiodic[6] density changes. The successional pattern of benthic communities hinges on the frequency and nature of such disturbances. In areas subjected to frequent physical perturbations, pioneering species of infauna—inhabiting near-surface sediments—tend to dominate the community. The pioneering forms feed near the sediment surface or from the water column. Habitats devoid of physical disturbances harbor higher-order successional stages or equilibrium stages of benthos dominated by bioturbating infauna, which feed at greater depths within the bottom sediments. Disturbances of the seafloor appear to be principally responsible for the spatial mosaic patterns observed in many soft-bottom benthic communities.

【注释】

[1] exert *v.* 发挥,施加。

[2] oxygenate *v.* 氧化。

[3] perturbation *n.* 动摇,扰动。

[4] stochastic *adj.* 随机的。

[5] magnitude *n.* 量级,级数。

[6] aperiodic *adj.* 不定期的。

2. Reproduction and Larval Dispersal

Most benthic macrofaunal populations, except those in the high Arctic and deep sea, have high fecundities and a planktonic larval phase to maximize dispersal. These populations experience an extremely high wastage[1] of numbers in the plankton. In contrast, meiofaunal populations typically produce only a few gametes, with many individuals undergoing direct development. Although the reproductive output in terms of the total fecundity is small, several behavioral processes minimize reproductive losses. First, meiofaunal taxa may reproduce continuously through the year. Second, relatively short generation times characterize numerous species. Third, lifehistory development[2] can be delayed by some populations through resting eggs or larval stage delay. These adaptations promote larger population densities.

Levin and Bridges proposed a classification scheme for larval development of marine invertebrates composed of four categories:

(1) Mode of larval nutrition (i. e., planktotrophy; facultative[3] planktotrophy; maternally[4] derived nutrition-lecithotrophy, adelphophagy[5], and translocation; osmotrophy[6], and autotrophy-photoautotrophy[7], chemoautotrophy[8], somatoautotrophy[9]);

(2) Site of development (i. e., planktonic; demersal; benthic—aparental[10] and parental[11]);

(3) Dispersal potential (i. e., teleplanic, actaeplanic, anchiplanic, and aplanic); and

(4) Morphogenesis[12] (i. e. , indirect and direct).

The dispersal potential of the larvae is coupled to the length of time spent in the plankton. This depends on the mode of development, environmental factors, and chemical or physical cues that induce the larvae to settle and metamorphose[13]. Planktotrophic larvae, because of their higher abundance and longer pelagic existence, have greater dispersal capability than their lecithotrophic counterparts. For most intertidal and subtidal benthic invertebrates, the larvae reside in the plankton for periods of minutes to months. For the long-life planktotrophic forms, currents can transport the larvae long distances to populate remote habitats.

【注释】

[1] wastage *n.* 损耗。

[2] lifehistory development 生活史某个阶段的发育。

[3] facultative *adj.* 特许的,兼性的。

[4] maternally *adj.* 母体的。

[5] adelphophagy *n.* 同性结合,吃同种的物质。由 adelpho- 和 -phagy 构成。
-phagy 食。

[6] osmotrophy *n.* 渗透营养。由 osmo- 和 -trophy 构成。
osmo- 渗透。

[7] photoautotrophy *n.* 光自养。由 photo、auto- 和-trophy 构成。

[8] chemoautotrophy *n.* 化学自养。由 chemo-、auto- 和-trophy 构成。

[9] somatoautotrophy *n.* 体自养。由 somato-、auto- 和-trophy 构成。
somato- 体,身体。如:
① somatocyst *n.* 体囊。由 somato- 和 -cyst 构成。
② somatotype *n.* 体型。由 somato- 和 type(*n.* 型,类型)构成。

[10] aparental *adj.* 非双亲的。

[11] parental *adj.* 双亲的。

[12] morphogenesis *n.* 形态发生。由 morpho- 和 genesis 构成。

[13] metamorphose *v.* 变态。由 meta- 和 morphose 构成。
morphose *n.* 形态。

While the longevity of the planktonic larval stage and horizontal advective[1] processes largely determine the potential for dispersal, the behavior of the larvae affects the degree of dispersal. Invertebrate larvae exhibit different abilities to control the direction, frequency, and speed of swimming. For example, decapod[2] crustacean larvae are strong swimmers that generally exert greater control over their horizontal movements in the water column. Others, such as ciliated bivalve larvae, move in helical[3] paths and spin while swimming. These larvae are not capable of swimming strongly enough in a horizontal plane to greatly influence their distribution. Therefore, the swimming behavior of the larvae in the water column can maximize or minimize horizontal advective processes and the magnitude of their dispersal.

The orientation and position of larvae in the water column are influenced by multiple cues. Pressure, salinity, temperature, light, gravity, and currents elicit specific larval responses including barokinesis[4], halokinesis[5], thermokinesis[6], geotaxis[7], phototaxis[8], and rheotaxis[9], respectively. Certain chemical or physical cues trigger metamorphosis and settlement of larvae. Chemicals released by adults of the same species induce larvae to metamorphose, which also affects population distributions along the seafloor.

Clumped distribution patterns of benthic marine invertebrates commonly arise from the dynamics of larval settlement. Larval recruitment[10] (i. e., settlement, attachment, and metamorphosis) of many benthic populations reflects gregarious behavioral patterns mediated by adult-derived chemical cues. Pheromones[11], for example, elicit behavioral responses in the larvae that foster gregarious settlement. Biochemical control of larval recruitment to the benthos has been demonstrated among arthropods, bryozoans, ascidian, chordates, coelenterates, echinoderms, and mollusks.

Clumped distributions of benthic marine invertebrates also result from factors other than gregarious settlement of larvae to chemical cues. For example, suitable substrates for larval settlement may themselves have a patchy distribution. In addition, substrates covered with algae, bacterial coatings, organic matter, and other substances are in some cases the principal attractant[12] to larval settlement.

【注释】

[1] advective *adj*. 平流输送的。

[2] decapod *n*. & *adj*. 十足目动物。其拉丁文学名为:Decapoda 十足目。
由 deca- 和 -poda 构成。
deca- 十。

[3] helical *adj*. 螺旋状的。

[4] barokinesis *n*. 由压力所引起的运动。由 baro- 和 kinesis 构成。
baro- 压力。
kinesis *n*. 动态,运动。

[5] halokinesis *n*. 由盐分所引起的运动。由 halo- 和 kinesis 构成。

[6] thermokinesis *n*. 由温度所引起的运动。由 thermo-和 kinesis 构成。

[7] geotaxis *n*. 趋地性。由 geo- 和 taxis 构成。
geo- 地。如:
geography *n*. 地理学,地理。
taxis *n*. 趋向性。

[8] phototaxis *n*. 趋光性。由 photo- 和 taxis 构成。

[9] rheotaxis *n*. 趋流性。由 rheo- 和 taxis 构成。
rheo- 水流,电流。

[10] recruitment *n*. 补充。

[11] pheromone *n*. 信息素。

[12] attractant *n*. 引诱剂,引诱物。

3. Feeding Strategies, Burrowing, and Bioturbation

Based on the mode of obtaining food, five types of benthic fauna are recognized: suspension feeders, deposit feeders, herbivores, carnivores, and scavengers[1]. Suspension and deposit feeders consist mainly of benthic macrofauna. They tend to occur in sediments of different composition. For example, suspension feeders predominate in sandy substrates where there are lower amounts of particles available in the water column to clog their filtering apparatus[2]. They obtain most of their nutrition from phytoplankton, although some species also consume bacteria, small zooplankton, and detritus. Examples include bivalves【e. g. , *Mercenaria mercenaria* and *Mytilus edulis*（见图版 22:B-1)】, polychaetes【e. g. , *Sabella pavonina*[3]（见图版 20:A-6)】, and ascidians【e. g. , *Ciona intestinalis*[4]（见图版 25:H)】. Deposit feeders, in contrast, are most numerous in soft, organic-rich muddy sediments. Some deposit feeders (i. e. , nonselective feeders) ingest sediment and organic particles together, with little if any selectivity. They appear to obtain most of their nutrition from bacteria attached to the particles, voiding[5] the sediment and nondigestible matter. Other deposit feeders (i. e. , selective feeders) actively separate their food from the sediment particles. Examples of deposit feeders can be found among the amphipods【e. g. , *Corophium volutator*（见图版 24:B-2)】, bivalves (e. g. , *Tellina tenuis*), gastropods (e. g. , *Ilyanassa obsoleta*[6]), and polychaetes (e. g. , *Arenicola marina*).

Browsing[7] herbivores graze on plants present on substrate surfaces. For example, microalgae growing on rock and wooden surfaces are often consumed by grazing sea urchins【e. g. , *Arbacia punctulata*[8]（见图版 25:B)】and mud snails (e. g. , *Hydrobia ulvae*[9]). Carnivores take a much more aggressive role in obtaining food, seizing and capturing their prey. When live prey is not available, many also act as scavengers, consuming dead or decaying matter. Among well-known carnivores in benthic communities are starfish【e. g. , *Asterias forbesi*[10]（见图版 25:D)】, polychaetes (e. g. , *Glycera americana*[11]), gastropods (*Busycon carica*[12], *Polinices duplicatus*[13]（见图版 22:C-3), and *Urosalpinx cinerea*[14]), and crustaceans (e. g. , *Callinectes sapidus*[15] and *Carcinus maenus*[16]).

【注释】

[1] scavenger *n.* 食腐动物。

[2] apparatus *n.* 器械，设备（意：器官）。

[3] *Sabella pavonina* 孔雀缨鳃虫。

[4] *Ciona intestinalis* 玻璃海鞘。

Ciona 玻璃海鞘属。

[5] void *v.* 从体内排出……废物。

[6] *Ilyanassa obsoleta* 一种腹足类动物,属织纹螺科。

[7] browse *v.* & *n.* 吃草。

[8] *Arbacia punctulata* 斑阿巴海胆。

[9] *Hydrobia ulvae* 一种螺。

[10] *Asterias forbesi* 福氏海盘车。

[11] *Glycera americana* 吻沙蚕属的一种。

[12] *Busycon* 是 Busyconidae 科中的一个属。
Busyconidae = Galeodidae 盔螺科。

[13] *Polinices duplicatus* 乳玉螺属的一种。
Polinices 乳玉螺属。

[14] *Urosalpinx cinerea* 尾管螺属的一种。
Urosalpinx 尾管螺属。由 uro- 和 salpinx(*n.* 管)构成。
uro- 尾。如:
① Urochordata 尾索动物门。由 uro- 和 Chordata 构成。
② uropod *n.* 尾足。由 uro- 和 -pod 构成。
③ uropore *n.* 尾孔。由 uro- 和 pore (*n.* 孔)构成。
④ uromorphic *adj.* 尾状的。由 uro- 和 morphic(*adj.* 形状的,形态的)。

[15] *Callinectes sapidus* 蓝泳蟹属的一种。
Callinectes 蓝泳蟹属,也有人译成美青蟹属。由 calli-(美丽)和-nectes(游泳者)构成。
sapidus 是 blue crab 的拉丁文学名的种加词,意思是:可口的,美味的。

[16] *Carcinus maenus* 三叶真蟹。
Carcinus 真蟹属。

Feeding and burrowing activities of benthic fauna alter the texture of bottom sediments. Intense, deep-vertical burrowing (i. e., 20 to 30 cm) by benthic infauna facilitates homogeneity[1] of the sediment column. The formation of animal tubes, pits and depressions[2], excavation[3] and fecal mounds, crawling trails, and burrows along the sediment-water interface exacerbate[4] bed roughness, thereby affecting fluid motion[5] and sediment erosion and transport in the benthic boundary layer. Bioturbation (i. e., biogenic[6] particle manipulation and pore water[7] exchange) also influences interparticle adhesion, water content[8] of sediments, and the geochemistry of interstitial[9] waters.

Both the stabilization and destabilization[10] of bottom sediments have been attributed to biogenic activity[11] of the benthos. These organisms enhance the exchange of gases across the sediment-water interface and nutrient mixing in the sediments. Among bioturbating organisms, pioneering species consisting primarily of tubicolous[12] or sedimentary forms[13] rework sediments most intensely in the upper 2 cm. Sedimentary effects[14] ascribable to these organisms are (1) subsurface[15] deposit feeding, which blankets the substratum with fecal pellets; (2) fluid bioturbation, which pumps water into and out of the bottom through vertically oriented tubes; and (3) construction of dense tube aggregations, which may influence microtopography[16] and bottom roughness. In contrast, benthic communities dominated by high-order successional stages rework sediments to greater depths. Infaunal deposit feeders and deeply burrowing errant or tube-dwelling forms that feed head down[17] (i. e., conveyer-belt species) rework sediments at depths below 2 cm.

【注释】

[1] homogeneity *n*. 均匀性,同质性。

[2] depression *n*. 下陷,沟槽。

[3] excavation *n*. 挖掘,挖掘成的洞。

[4] exacerbate *v*. 加剧,恶化。

[5] fluid motion 流体运动,流体流动。

[6] biogenic *adj*. 源于生物的。

[7] pore water 孔隙水。

[8] content *n*. 内容,含量。

[9] interstitial *adj*. 空隙的,孔隙的。

[10] destabilization *n*. 不安定,扰动。

[11] biogenic activity 生物活动。
[12] tubicolous *adj*. 管栖的。
[13] sedimentary forms 生活在沉积物中的种类。
[14] sedimentary effects 沉积效应。
[15] subsurface *adj*. 表面下的。
[16] microtopography *n*. 微地貌。由 micro- 和 topography 构成。
topography *n*. 地形学。
[17] feed head down 头朝下吃东西。

4. Biomass and Species Diversity

4.1 Biomass

Benthic fauna decrease in biomass from shallow waters to the deep sea. For example, benthic macrofaunal biomass declines from ~200 g dry weight/m^2 on the continental shelf to only 0.2 g dry weight/m^2 below 3 km. This gradient reflects in large part the lower density of populations and the generally smaller size of organisms comprising the deep-sea benthos. The abundance of bottom-dwelling organisms is not uniform in the deep abyss[1]. The number of benthic organisms in abyssal sediments beneath high productivity waters of the Antarctic and Arctic exceeds that of benthic organisms in abyssal sediments beneath the less productive temperate waters.

Exceptions to the aforementioned deep-sea benthic biomass patterns are evident at deep-sea hydrothermal vent sites along mid-ocean ridges, and in bottom sediments of deep-sea trenches[2]. Deep-sea hydrothermal vent communities appear as an oasis[3] of life supported by high chemosynthetic primary production with biomass values that rival the most productive shallow-water benthic communities. They stand in[4] stark[5] contrast to the depauperate biomass typically observed in the deep sea. Estimates of wet weight biomass of common species in active vent fields have ranged from ~8 to 30 kg/m^2. These values are 500 to 1000 times greater than those registered on nonvent deep-sea assemblages. Much lower wet weight biomass figures (~100 to 500 g/m^2) are also characteristic of estuarine ecosystems. Macrobenthic biomass decreases exponentially[6] along a depth gradient from shallow coastal ocean waters to abyssal regions.

The elevated benthic biomass values in deep-sea trenches relative to abyssal regions may be the result of the greater accumulation of organic matter, which can support more organisms. Deep-sea trenches are commonly located in close proximity to continents. The influx of organic matter from these landmasses appears to be significant.

【注释】

[1] abyss *n.* 深渊。
[2] trench *n.* 沟,堑壕。
[3] oasis *n.* 绿洲。
[4] stand in 处于……状态。
[5] stark *adv.* 完全地。
[6] exponentially *adv.* 指数地。

4.2 Diversity

There are two components of species diversity: the number of species in an area and their patterns of relative abundance. During the past 30 years, considerable work has been conducted on the relationship of large-scale diversity patterns to water depth and latitude. Two conspicuous gradients in species richness of marine benthic species have been documented in the sea. When plotting species richness of benthic fauna vs. the depth gradient of the ocean, a parabolic[1] pattern is discerned, with the number of species being relatively low on the continental shelf, increasing at upper-continental rise depths, and then decreasing again at abyssal depths. Depth gradients in biological and physical properties have been invoked to explain the parabolic patterns. In regard to latitude gradients, species richness of benthic fauna is highest in the tropics, intermediate in temperate waters, and lowest in the Antarctic and Arctic.

The deep sea exhibits remarkably high species richness. An estimated

5×10^5 to 1×10^6 benthic macrofaunal species exist there. A number of hypotheses have been advanced to explain high species diversity in the deep sea and the aforementioned latitude and shelf, deep-sea gradients in species richness. As summarized by Valiela, these include:

- The time hypothesis
- The spatial heterogeneity hypothesis
- The competition hypothesis
- The environmental stability hypothesis
- The productivity hypothesis
- The predation hypothesis

Not all deep-sea environments have high species diversity, low biomass, and low population densities. Deep-sea hydrothermal vents, for example, are characterized by relatively low species diversity but high biomasses and population densities. Worldwide, more than 20 new families, 90 new genera, and 400 new species have been identified at deep-sea hydrothermal vents since 1977. At any particular hydrothermal vent field, however, only a few species typically dominate the benthic communities, such as vestimentiferan[2] tube worms 【*Riftia pachyptila*[3]（见图版 21：G）】, giant white clams (*Calyptogena magnifica*[4]), mussels (*Bathymodiolus thermophilus*[5]), and "eyeless" caridean[6] shrimp (*Chorocaris chacei* and *Rimicaris exoculata*). Since 1977, when deep-sea hydrothermal vents were initially discovered at a depth of 2500 m along the Galapagos Rift[7] spreading center, other hydrothermal vent communities have been found along the East Pacific Rise[8] (e. g. , 9°N, 11°N, 13°N, and 21°N), in Guaymas[9] Basin, along the Gorda[10], Juan de Fuca[11], and Explorer Ridges[12], in the Mariana[13] back-arc[14] spreading center, along the Mid-Atlantic Ridge (e. g. , TAG[15] and Snake Pit sites), and elsewhere. Moreover, comparable fauna have been collected at cold seep[16] localities at the base of the Florida Escarpment[17], the Gulf of Mexico slope[18] off Louisiana, Alaminos[19] Canyon[20], and along the Oregon[21] subduction[22] zone. Biological processes (e. g. , growth rates) of some vent organisms (e. g. , *Calyptogena magnifica*) have been shown to proceed at rates that are extremely rapid for a deep-sea environment and comparable to those from some shallow-water environments. Hydrothermal vents are highly ephemeral[23] systems in the deep sea, and, as a result, the spectacular benthic communities inhabiting there develop rapidly but are subject to mass extinction when the heated fluids cease to flow on the seafloor.

【注释】

[1] parabolic *adj*. 抛物线的。

[2] vestimentiferan *n*. & *adj*. 须腕动物门(的)。其拉丁文学名为：Pogonophora 须腕动物门。

[3] *Riftia pachyptila* 巨型管状虫。

[4] *Calyptogena magnifica* 巨伴溢蛤。

[5] *Bathymodiolus thermophilus* 深海偏顶蛤属中的一种。

Bathymodiolus 深海偏顶蛤属。由 bathy-和 *Modiolus*(偏顶蛤属)构成。

thermophilus 喜温的。由 thermo- 和 -philus(喜欢……的生物)构成。

Bathymodiolus thermophilus 实际上可译成"喜温深海偏顶蛤"。

[6] caridean *n*. & *adj*. 真虾次目(的)。其拉丁文学名为:Caridea(真虾次目)。

[7] Galapagos Rift 加拉帕戈斯裂谷。

[8] East Pacific Rise 东太平洋海隆。

[9] Guaymas *n*. 瓜伊马斯(墨西哥)。

[10] Gorda 戈尔达海脊(Gorda Ridge)。

[11] Juan de Fuca 胡安·德·富卡洋中脊(Juan de Fuca Ridge)。

[12] Explorer Ridge "探险家"号海脊。

[13] Mariana *n*. 马里亚纳群岛(位于西太平洋)。

[14] back-arc 弧后。海洋学中的术语,指岛弧的内侧(大陆一侧)至大陆架之间的构造。

[15] TAG =Trans-Atlantic Geotraverse 跨大西洋地质断面(这里指热液活动区)。

[16] cold seep 冷泉出口。

seep *n*. 渗出。

[17] escarpment *n*. 陡坡。

[18] slope *n*. 大陆斜坡。

[19] Alaminos 阿拉米诺斯(菲律宾地名)。

[20] Canyon *n*. 峡谷。

[21] Oregon 俄勒冈州(美)。

[22] subduction *n*. 消减,俯冲(一个地壳板块的边缘徐徐降至另一板块之下的过程和行为)。

[23] ephemeral *adj*. 朝生暮死的,短暂的。

4.3 Coral Reefs

Among the most spectacular benthic habitats in the marine environment are coral reefs, which occupy $\sim 1.9 \times 10^8$ km^2 or less than 1% of the world's oceans. These wave-resistant structures, found in shallow warm (23 to 25 ℃) subtropical and tropical seas between ~25°N and 25°S latitudes, originate from the skeletal construction of hermatypic[1] corals, calcareous algae, and other calcium carbonate-secreting organisms. Coral reefs are best developed in clear open marine waters less than ~20 m in depth, with the rate of calcification[2] declining with increasing depth. Zooxanthellae[3], symbiotic photosynthetic algae (dinoflagellates), live in endoderm cells of the coral (见图版 19:D), providing the animals with various photosynthetic by-products[4]. Major controls on coral reef growth and production include light, temperature, salinity, depth, turbidity, nutrients, local hydrodynamics[5], and predation. Because of a combination of bottom topography and depth, and different degrees of wave action and exposure, all reefs display distinctive zonation patterns.

Coral reefs are highly productive and characterized by great species richness. As many as 3000 animal species may inhabit a single reef. Estimates of reef production range from 300 to 5000 g C/m^2/year. In addition to the zooxanthellae, other major primary producers are calcareous algae, filamentous algae, and marine grasses. Aside from providing primary production, the zooxanthellae confer other advantages on corals, notably the enhancement of calcification, lipogenesis[6], and nutrition.

Three categories of coral reefs are delineated: atolls[7], barrier reefs[8], and fringing reefs[9]. Atolls predominate in the tropical Pacific, and barrier reefs and fringing reefs occur in coral-reef zones of all oceans. The Indo-Pacific reefs contain the highest diversity of coral species, with the Atlantic reefs being impoverished[10] in comparison. Although these reefs exhibit highly complex and variable morphologies, all are similar in that they have been formed entirely by biological activity.

【注释】

[1] hermatypic *adj*. 造礁的。

[2] calcification *n*. 石灰化。由 calcific 和 -ation 构成。

calcific *adj*. 石灰质的。

[3] zooxanthellae *n*. 动物黄藻，虫黄藻。由 zoo，xanth-和 -ellae（词尾）构成。

xantho- 黄色。如：

① Xanthophyceae 黄藻纲。由 xantho-，phyco- 和 -eae 构成。

② Xanthophyta 黄藻门。由 xantho- 和 -phyta 构成。

③ xanthin *n*. 黄质。

④ xanthoprotein *n*. 黄色蛋白。由 xantho- 和 protein 构成。

[4] by-product 副产物。

[5] hydrodynamics *n*. 水动力学。由 hydro- 和 dynamics 构成。

[6] lipogenesis *n*. 脂肪生成。由 lipo- 和 genesis 构成。

lipo- 脂肪。

[7] atolls *n*. 环状珊瑚岛，环礁。

[8] barrier reef 堡礁，堤礁。

[9] fringing reef 裙礁，岸礁，边礁。

fringing *n*. 边缘。

[10] impoverished *n*. 用尽了的。

A-2舟形藻
(*Navicula* sp.)

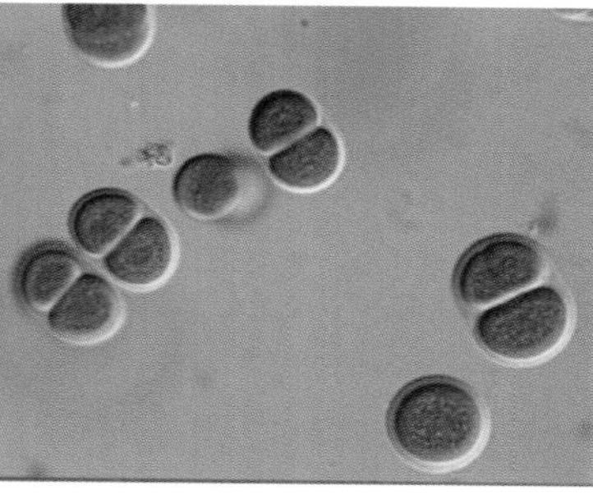

B-1 膨胀色球藻
(*Chroococcus turgidus*)

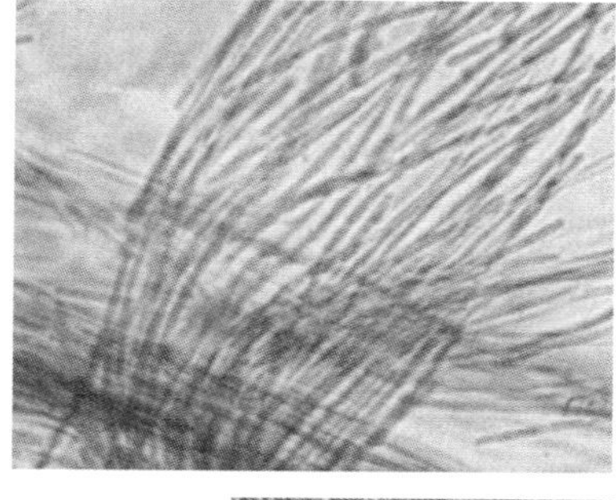

B-2 脆席藻
(*Phormidium fragile*)

A-1 波罗的海布纹藻
(*Gyrosigma balticum*)

C 利马原甲藻
(*Prorocentrum lima*)

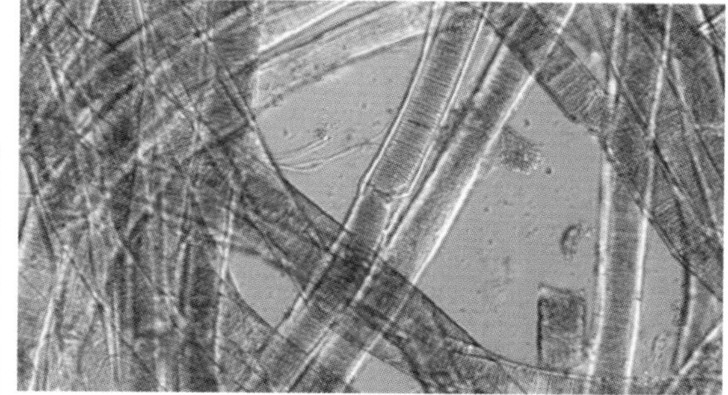

B-3 巨大鞘丝藻
(*Lyngbya majuscula*)

图版14　底栖植物的主要代表—— 微藻
A 硅藻纲(Bacillariophyceae) B 蓝藻门(Cyanophyta)
C甲藻门(Pyrrophyta)

A-1、B-2 引自黄宗国、林茂《中国海洋生物图集》2012.北京
A-2 引自 http://www.microscopy-uk.org.uk
B-1 引自 http://protist.i.hosei.ac.jp
B-3、C引自http://www.marinespecies.org

A-1 刚毛藻
(*Cladophora rupestris*)

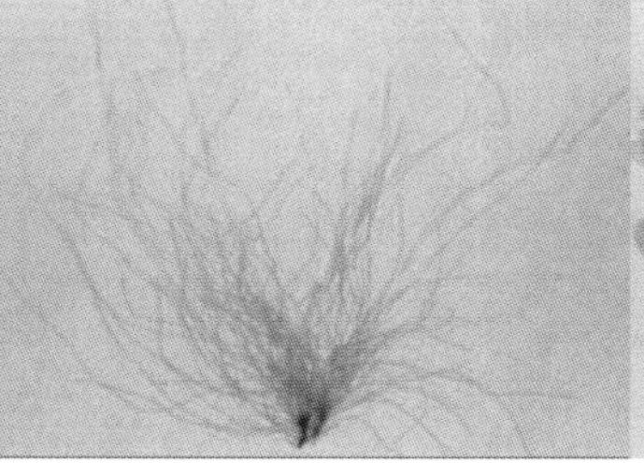

A- 2 条浒苔
(*Enteromorpha clathrata*)

A-3 石莼
(*Ulva lactuca*)

B-1 围氏马尾藻
(*Sargassum wightii*)

B-2 昆布
(*Ecklonia kurome*)

B-3 墨角藻
(*Fucus vesiculosus*)

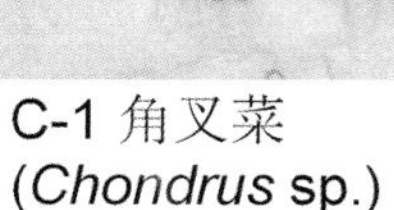

C-1 角叉菜
(*Chondrus* sp.)

C-2 甘紫菜
(*Porphyra tenera*)

B-4 巨藻
(*Macrocystis pyrifera*)

图版15 底栖植物的主要代表—— 大型海藻

A 绿藻门(Chlorophyta) B 褐藻门(Phaeophyta)

C 红藻门(Rhodophyta)

A-1 引自 http://www.horta.uac.pt

B-1 引自 http://www.ecofriend.com

B-2 引自 http://www.chinabaike.com

B-3、B-4 引自 http://en.wikipedia.org

A-2、A-3、C-2引自黄宗国、林茂《中国海洋生物图集》2012.北京

C-1 引自 http://www.comenius.susqu.edu

A-1 互花米草
(*Spartina alterniflora*)

A-2 大米草
(*Spartina anglia*)

B 扁穗莎草
(*Cyperus compressus*)

C 盐生灯心草
(*Juncus maritimus*)

D 欧洲盐角草
(*Salicornia europaea*)

E 盐生车前（草）
(*Plantago maritima*)

图版16 底栖植物的主要代表——维管植物（一）

盐沼植物：A 禾本科(Poaceae) B 莎草科(Cyperaceae)
C 灯心草科(Juncaceae) D 藜科(Chenopodiaceae)
E 车前科(Plantaginaceae)

A-1 引自http:// www.flickr.com
A-2、C、E 引自http://en.wikipedia.org
B 引自http://hkwildlife.net
D 引自http://www.plant-lore.com

A-1 泰莱藻（海龟草）
(*Thalassia testudinum*)

A-2 喜盐草
(*Halophila ovalis*)

D-1 木榄
(*Bruguiera* sp.)

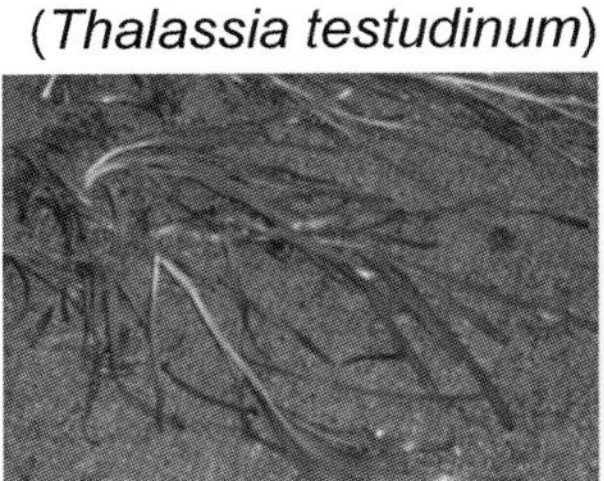
B-1 大叶藻（鳗草）
(*Zostera marina*)

D-2 美国红树
(*Rhizophora mangle*)

C 二药藻
(*Halodule univervis*)

B-2 虾海藻
(*Phyllospadix sp.*)

图版17　底栖植物的主要代表——维管植物（二）

海草植物：A 水鳖科(Hydrocharitaceae)　B 大叶藻科(Zosteraceae)
C 丝粉藻科(Cymodoceaceae)
红树植物：D 红树科(Rhizophoraceae)

A-1 引自http://www.ceoe.udel.edu　A-2 引自http://www.sciencedaily.com
B-1 引自http://ian.umces.edu　C 引自http://www.beihai365.com
D-1 引自http://oceangrow.septentriones.com　D-2引自http://en.wikipedia.org

A *Syringammina fragilissima*

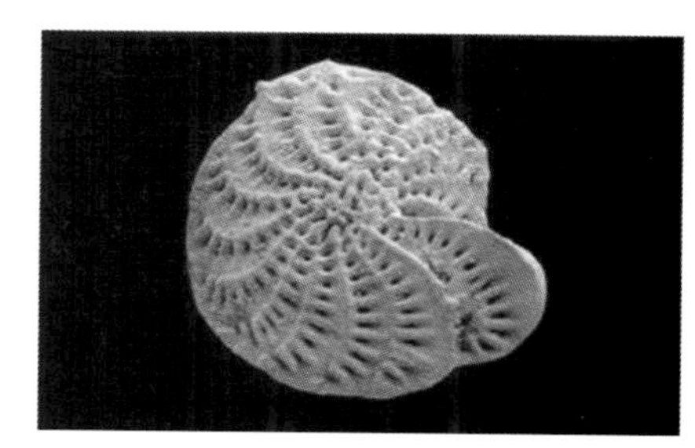

B 卷曲企虫
(*Elphidium crispum*)

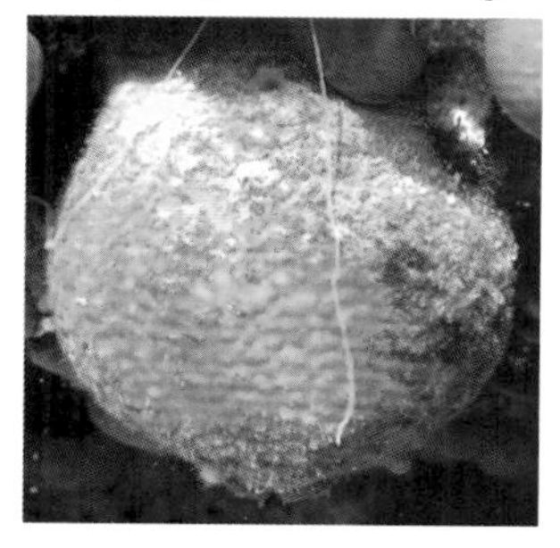

D-1 柑桔荔枝海绵
(*Tethya aurantium*)

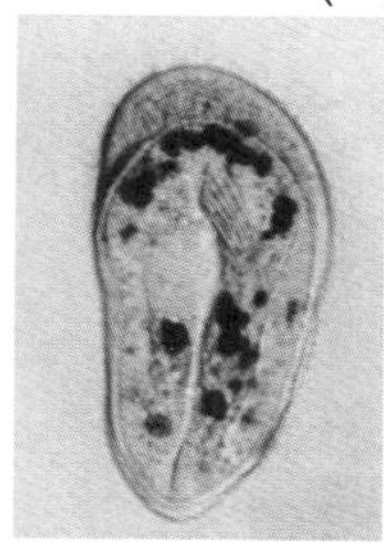

C 三角齿管虫
(*Chlamydodon triquetrus*)

D-2 矶海绵
(*Reniera fulva*)

E 欧氏偕老同穴
(*Euplectella oweni*)

图版18 底栖动物的主要代表——原生动物门和海绵动物门

原生动物门：肉足虫纲(Sarcodina)

A 丸壳亚纲(Xenophyophoria)无线目(Pasmminida)

B 根足虫亚纲(Rhizopoda)有孔虫目(Foraminifera)

纤毛虫纲(Ciliophora)

C 齿管虫目(Chlamydodontida)

海绵动物门：D 寻常海绵纲(Demospongiae) E 六放海绵纲(Hexactinellida)

A 引自http://www.newscientist.com
B 引自 http://microbiologyonline.org.uk
D-1 引自 http://www.marinespecies.org
D-2 引自http://www.blueanimalbio.com
C、E 引自黄宗国、林茂《中国海洋生物图集》2012.北京

A 中胚花筒螅
(*Tubularia mesembryanthemum*)

B-1 沟迎风海葵
(*Anemonia sulcata*)

B-2 须毛高领细指海葵
(*Metridium senile*)

C 磷海鳃
(*Pennatula phosphorea*)

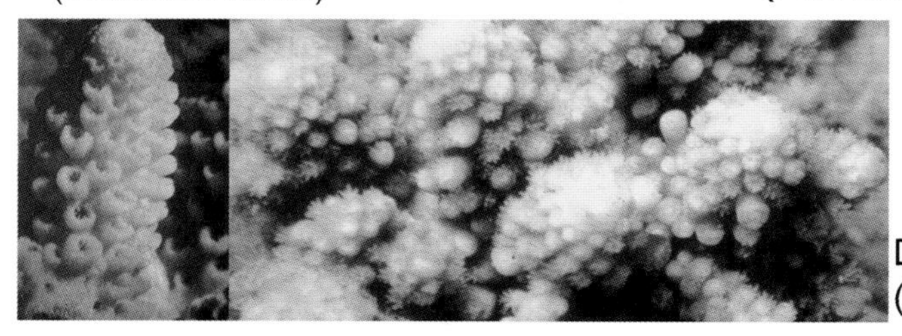
D 粗野鹿角珊瑚
(*Acropora humilis*)

图版19 底栖动物的主要代表——刺胞动物门
水螅虫纲(Hydrozoa): A 花水母目 (Anthomedusae)
珊瑚虫纲(Anthozoa): B 海葵目(Actiniaria) C 海鳃目(Pennatalacea)
D 石珊瑚目(Scleractinia)

A 引自 http://www.izuzuki.com　　B-2、C 引自http://www.blueanimalbio.com
B-1、D 引自黄宗国、林茂《中国海洋生物图集》2012.北京

A-1笔帽虫
(*Pectinaria gouldi*)

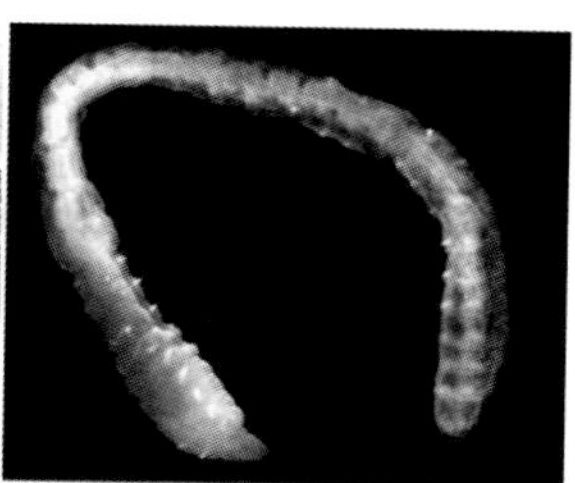

A-2 小头虫
(*Capitella capitata*)

A-3 海洋沙蠋
(*Arenicola marina*)

A-4 沙蚕
(*Nereis diversicolor*)

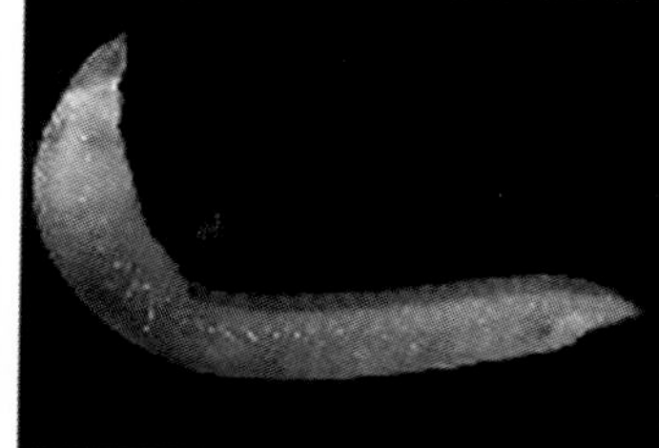

A-5 海蛹
(*Ophelia limacina*)

B 哑口仙女虫
(*Nais elinguis*)

A-6 孔雀缨鳃虫
(*Sabella pavonina*)

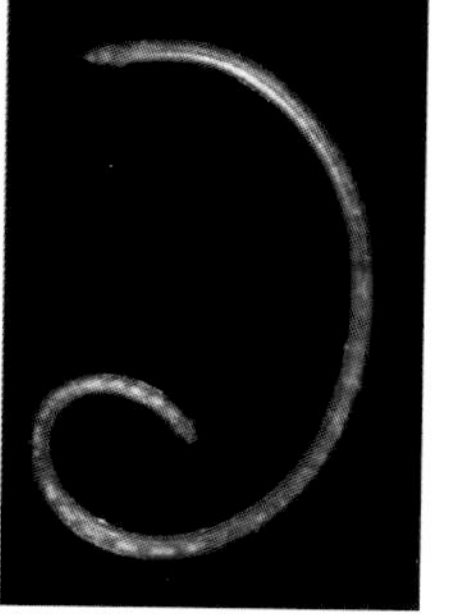

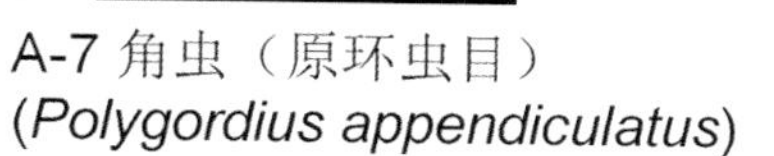

A-7 角虫（原环虫目）
(*Polygordius appendiculatus*)

图版20　底栖动物的主要代表——环节动物门
A 多毛纲(Polychaeta) B 寡毛纲(Oligochaeta).

A-1 引自 http://blog-human.eljuan.com
A-2和A-3 引自 http://www.blueanimalbio.com
A-4 引自 http://www.itameriportaali.fi
B 引自 http://www.marinespecies.org
A-5 引自 http://www.barcodinglife.com
A-6 引自 http://diverosa.com
A-7 引自 http://www.vliz.be

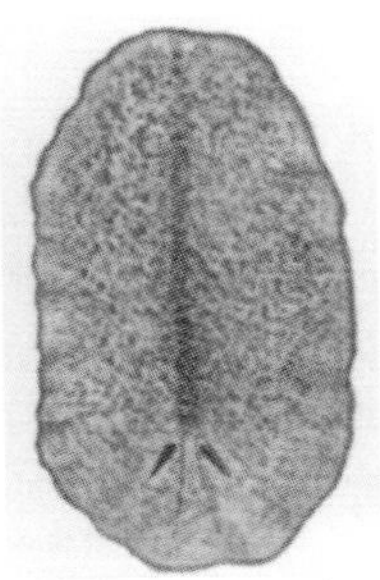

A 今岛柄涡虫
(*Stylochus ijimai*)

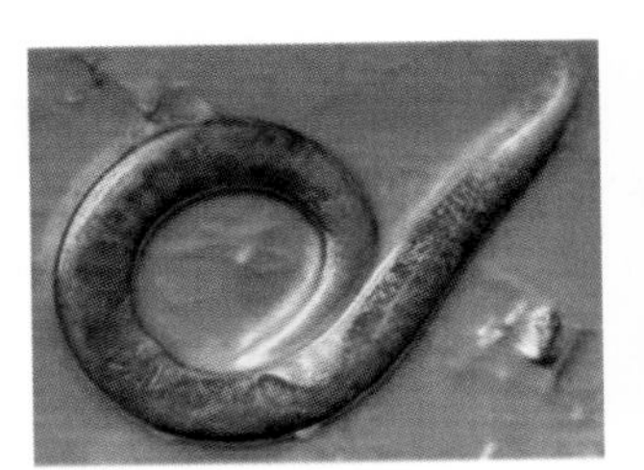

C 海洋杆状线虫
(*Rhabditis marina*)

D 熊虫
(*Tardigrada* sp.)

B 加州脑纽虫
(*Cerebratulina californiensis*)

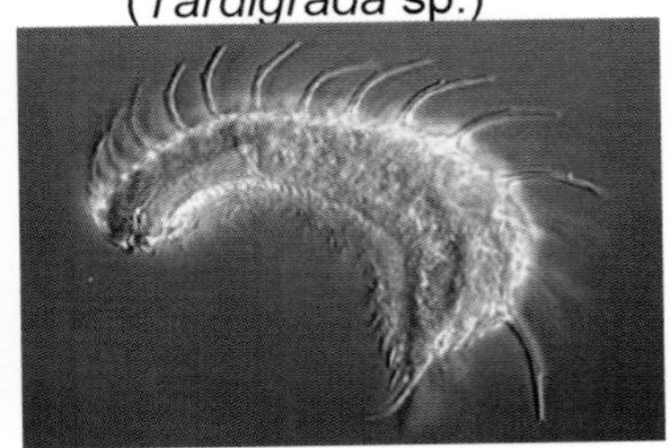

E 鼬虫
(*Chaetonotus hystrix*)

F 动吻虫
(*Echinoderes* sp.)

G 巨型管状虫
(*Riftia pachyptila*)

H 帚虫
(*Phoronis* sp.)

图版21　底栖动物的主要代表——扁形动物门、纽形动物门、线虫动物门、缓步动物门、腹毛动物门、动吻动物门、须腕动物门、帚虫动物门

A 扁形动物门(Plathyhelminthes)　B 纽形动物门(Nemertinea)　C 线虫动物门(Nematoda)　D 缓步动物门(Tardigrada)　E 腹毛动物门(Gastrotricha)　F 动吻动物门(Kinorhyncha)　G 须腕动物门(Pogonophora)　H 帚虫动物门(Phoronida)

A 引自黄宗国、林茂《中国海洋生物图集》2012.北京
B 引自 http://www.marinespecies.org
C 引自 http://www.champomy.com
D、E、F和H引自 http://www.blueanimalbio.com
G 引自 http://www.ifremer.fr

A日本花棘石鳖
(*Liolophura japonica*)

B-1紫贻贝
(*Mytilus galloprovincialis*)

B-2 亚洲鸟蛤
(*Vepricardium asiaticum*)

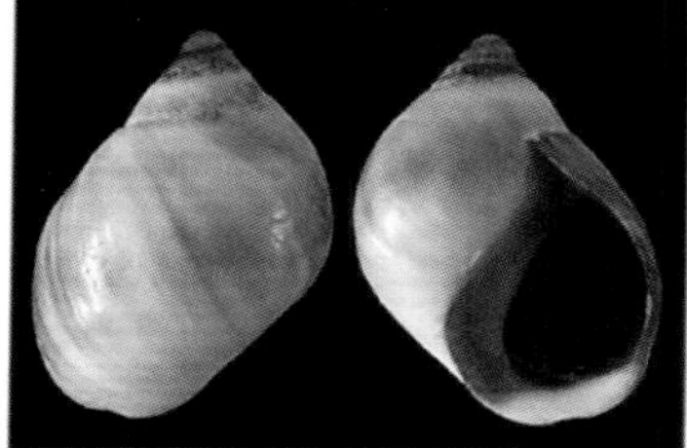

C-1 滨螺
(*Littorina neritoides*)

C-2 帽贝
(*Patella vulgata*)

C-3 乳玉螺
(*Polinices duplicatus*)

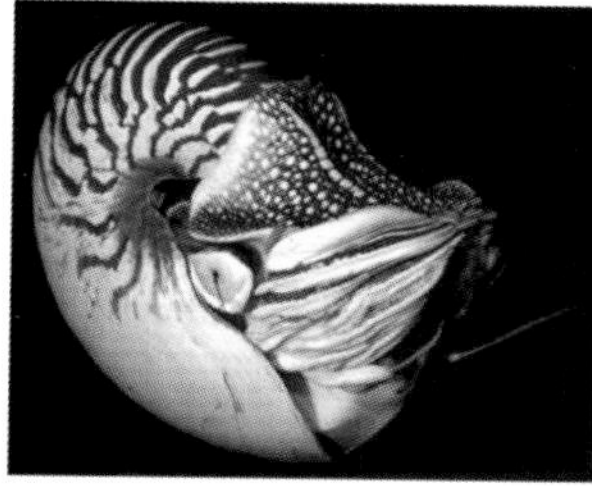

D 鹦鹉螺
(*Nautilus pompilius*)

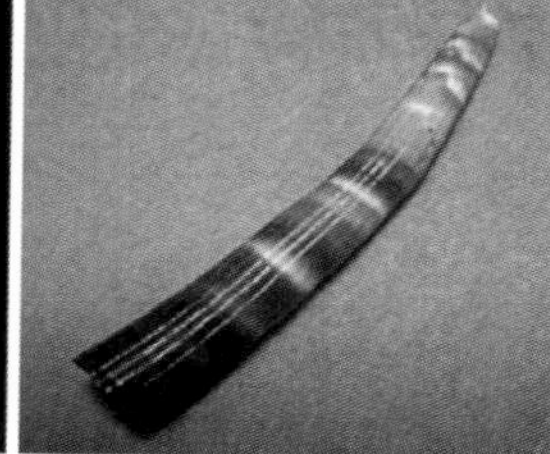

E 美丽彩角贝
(*Pictodentalium formosum*)

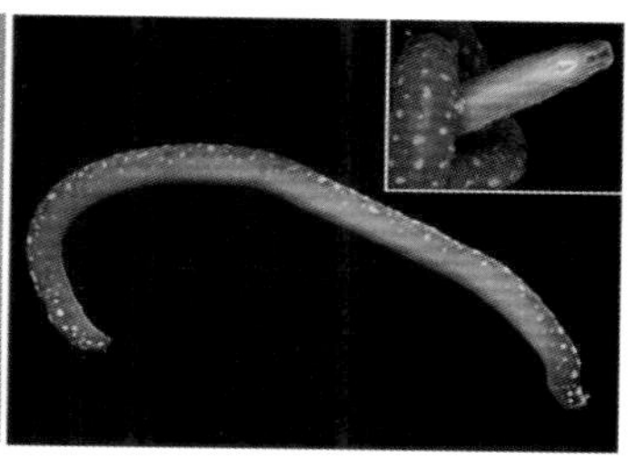

F 澳大利亚毛皮贝
(*Epimenia australis*)

图版22 底栖动物的主要代表——软体动物门

A 多板纲(Polyplacophora) B 双壳纲(Bivalvia) C 腹足纲(Gastropoda)
D 头足纲(Cephalopoda) E 掘足纲(Scaphopoda) F 无板纲(Aplacophora)

A、D、E和F 引自 http://www.blueanimalbio.com
B-1 引自 http://www.manandmollusc.net
B-2 引自《厦门湾物种多样性》（黄宗国，2006，海洋出版社）
C-1 引自 http://malacologia.es
C-2 引自 http://www.gastropods.com
C-3 引自 http://www.sanibelflorida.com

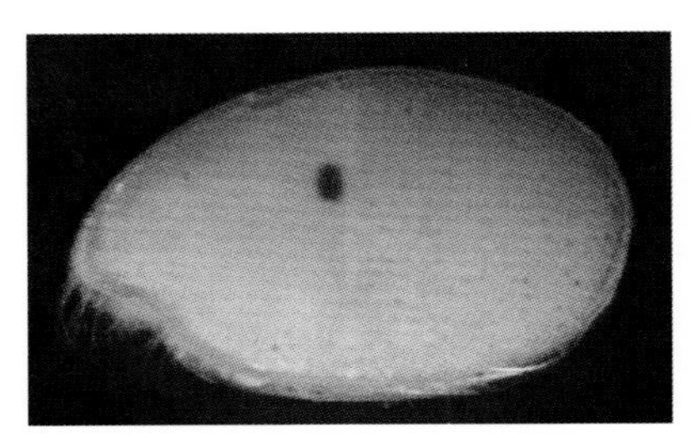

A 真喜萤
(*Euphilomedes carcharodonta*)

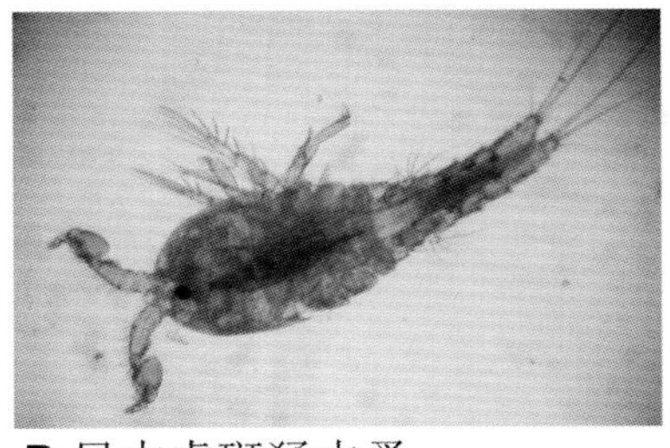

B 日本虎斑猛水蚤
(*Tigriopus japonicus*)

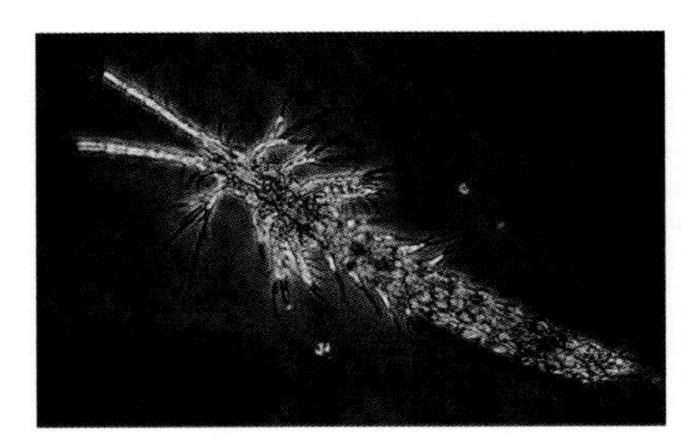

C 栉爪虾
(*Ctenocheilocaris* sp.)

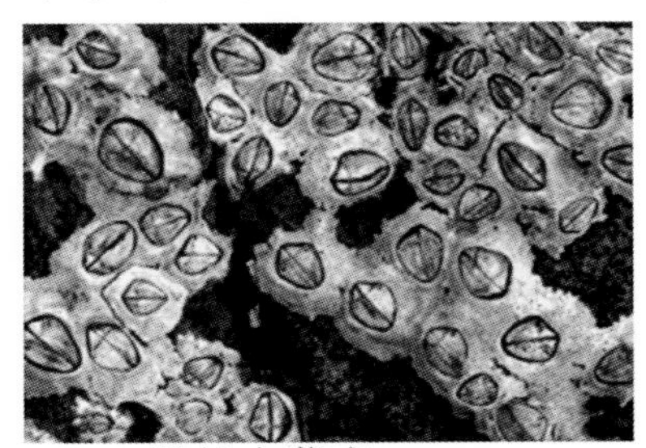

D-1 星状小藤壶
(*Chthamalus stellatus*)

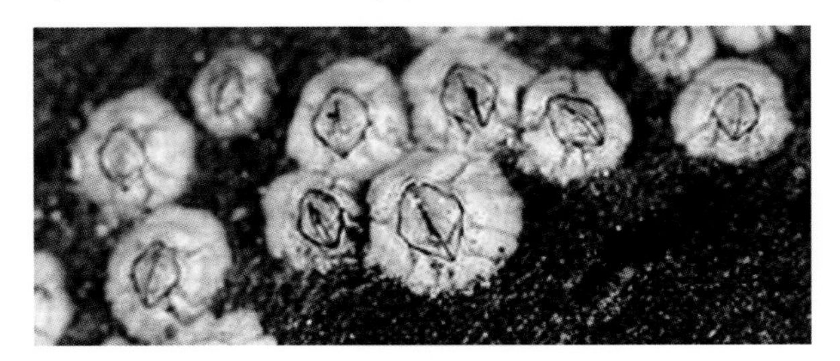

D-2 龟头藤壶
(*Balanus balanoides*)

图版23　底栖动物的主要代表——节肢动物门
甲壳纲(Crustacea)（一）
A 介形亚纲(Ostracoda) B 桡足亚纲(Copepoda)猛水蚤目(Harpacticoida)
C 须虾亚纲(Mystacocarida)　D 蔓足亚纲(Cirripedia)

A 引自 http://www.barcodinglife.com　　B 引自 http://biology.ucsd.edu
C 引自http://en.wikipedia.org　　D-1、D-2 引自 http://www.blueanimalbio.com

A 海蟑螂
(*Ligia oceanica*)

B-1愚钩虾
(*Talorchestia deshayesii*)

B-2 旋卷裸赢蜚
(*Corophium volutator*)

B-3 欧洲沙蚤
(*Talitrus saltator*)

C-1 锐齿招潮蟹
(*Uca acuta*)

C-2褐虾
(*Cragon cragon*)

D 海螨
(*Halacarellus basteri*)

图版24　底栖动物的主要代表——节肢动物门
甲壳纲（二）和蛛形纲(Arachnoidea)

甲壳纲: 软甲亚纲(Malacostraca): A 等足目(Isopoda)
B 端足目(Amiphipoda)　C 十足目(Decapoda)
蛛形纲: D 真螨目（Acariformes）海螨科(Halacaridae).

A 引自 http://www.blueanimalbio.com
B-1引自 http://www.seftoncoast.org.uk
B-2引自 http:// www.marinebiodiversity.ca
B-3引自http://en.wikipedia.org
C 引自 http://web.nchu.edu.tw
D 引自 http://my.opera.com

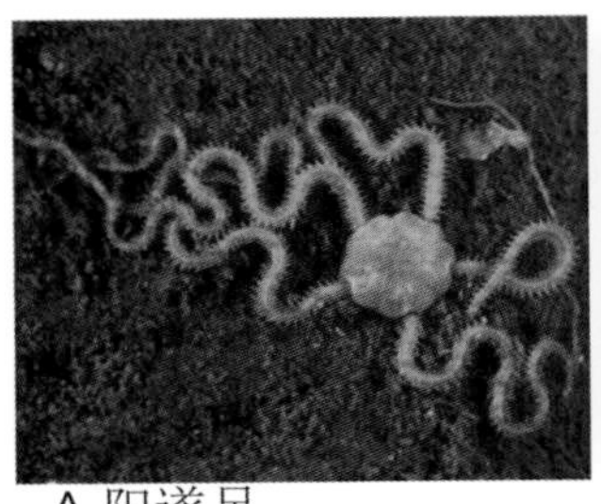

A 阳遂足
(*Amphiura chiajei*)

B 斑阿巴海胆
(*Arbacia punctulata*)

C 梅花参
(*Thelenota ananas*)

D 福氏海盘车
(*Asterias forbesi*)

E 日本海齿花
(*Comanthus japonius*)

F 多室草苔虫
(*Bugula neritina*)

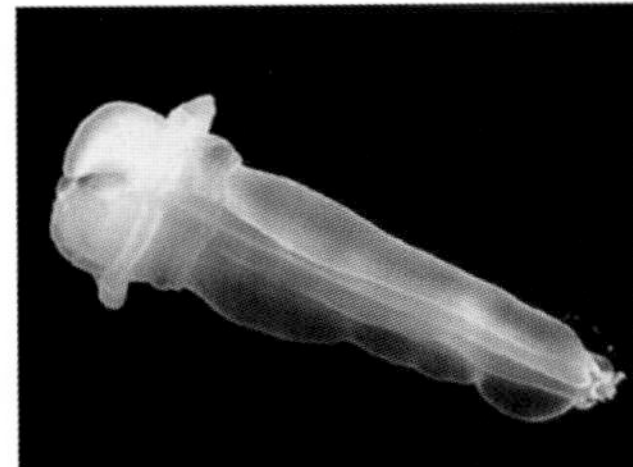

G 柱头虫
(*Balanoglossus* sp.)

H 玻璃海鞘
(*Ciona intestinalis*)

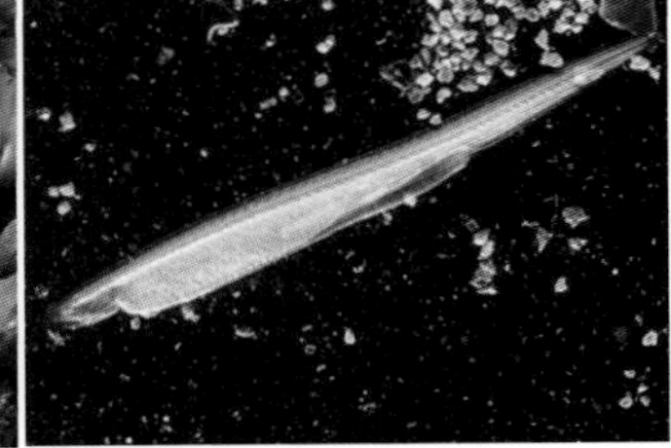

I 厦门白氏文昌鱼
(*Branchiostoma belcheri*)

图版25　底栖动物的主要代表——棘皮动物门、苔藓动物门、半索动物门、尾索动物门和脊索动物门

棘皮动物门(Echinodermata):

A 蛇尾纲(Ophiuroidea) B 海胆纲(Echinoidea) C 海参纲(Holothurioidea)
D 海星纲(Asteroidea)　E 海百合纲(Crinoidea)

F 苔藓动物门(Bryozoa)　G 半索动物门(Hemichordata) H 尾索动物门(Urochordata)　I 脊索动物门(Chordata)头索动物亚门(Cephalochordata)

A、C、G、H和I 引自 http://www.blueanimalbio.com　B 引自 http://www.soundwaters.org
D 引自 http://animaldiversity.ummz.umich.edu　F 引自 http://www.calacademy.org
E 引自《厦门湾物种多样性 》（黄宗国，2006，海洋出版社）

Ⅵ. NEKTON

The highest-trophic-level organisms of estuaries and oceans are those capable of sustained locomotion, actively swimming through the water in search of prey. Included here are finfish, marine mammals, marine reptiles[1], and some birds. The nekton are ecologically important, primarily acting as major predators in biotic communities. They are also commercially important, supplying food for livestock[2], poultry[3], pets, and humans. Various species serve as sources of fur and other commodities. Because of their great economic value, many fish, cetacean[4], and pinniped[5] species have been subject to considerable harvesting pressure, in some cases leading to excessive depletion of population numbers. Occasionally, species have been placed on threatened or endangered species lists to ensure their survival and future viability[6].

【注释】

[1] reptile *n.* & *adj.* 爬行动物(的)。其拉丁文学名为:Reptilia(爬行纲)。
[2] livestock *n.* 家畜。
[3] poultry *n.* 家禽。
[4] cetacean *n.* & *adj.* 鲸(的)。其拉丁文学名为:Cetacea 鲸目。
[5] pinniped *adj.* 鳍足类的。其拉丁文学名为:Pinnipedia 鳍足目。由 pinni- 和 -pedia 构成。pinni- 翼,鳍。
-pedia 足(是 -ped 的变型)。
[6] viability *n.* 生存能力,生育能力。

A. Fish

Fish comprise the largest group of nekton in the sea. They are subdivided taxonomically into three classes: Agnatha[1] (Cyclostomata[2]), Chondrichthyes[3], and Osteichthyes[4]. The Agnatha or primitive forms contain ~50 species of fish, including the primitive hagfish[5](见图版 26:A) and lampreys[6](见图版 26:B). They are principally parasites and scavengers. The Chondrichthyes or elasmobranch[7] fish lack scales[8] and have a cartilaginous[9] skeleton. This class, which has ~300 species, encompasses the sharks[10](见图版 26:D), skates[11](见图版 26:E), and rays[12](见图版 26:F). The Osteichthyes or bony fishes (teleosts[13]) represent the majority of marine species (>20000). Members of the class feed at all trophic levels; the smallest and most abundant species【e. g., anchovies[14](见图版 29:A), herring[15](见图版 29:B-2), and sardines[16](见图版 29:B-1)】occupy lower trophic levels mainly consuming plankton, whereas the largest, piscivorous[17] forms【e. g., bluefish[18](见图版 27:H), jackfish[19](见图版 31:B), and tunas[20](见图版 27:A)】occupy the upper trophic levels. Some species【e. g., summer flounder[21](见图版 30:D-2), weakfish[22](见图版 27:B-1), and cod(见图版 33:B)】consume both benthic invertebrates and other fish.

Other classifications of fish are based on ecological criteria. For example, species may be separated into stenohaline[23] and euryhaline[24] or stenothermal and eurythermal categories based on salinity and temperature tolerances, respectively. McHugh used breeding, migratory, and ecologial criteria to categorize estuarine fish into five distinct groups:

(1) Freshwater fishes that occasionally enter brackish waters[25];

(2) Truly estuarine species that spend their entire lives in the estuary;

(3) Anadromous[26] and catadromous[27] species;

(4) Marine species that pay regular visits to the estuary, usually as adults;

(5) Marine species that use the estuary largely as a nursery ground[28], spawning and spending much of their adult life at sea, but often returning

seasonally to the estuary; and

(6) Adventitious[29] visitors that appear irregularly and have no apparent estuarine requirements.

Using similar criteria, Moyle and Cech subdivided fish populations into five broad classes: (1) freshwater; (2) diadromous[30]; (3) true estuarine; (4) nondependent marine; and (5) dependent marine fishes.

One of the broadest ecological classification schemes for marine fish differentiates species according to the environments they inhabit. The oceanic realm has two major divisions: the pelagic and benthic environments. Fishes inhabiting these environments are also differentiated from the resident forms living in estuaries.

【注释】

[1] Agnatha 无颌鱼纲。

[2] Cyclostomata 圆口鱼纲。由 cyclo- 和 -stomata 构成。

cyclo- 圆,环。如:

① cyclamine *n.* 环胺。由 cyclo- 和 amine(*n.* 胺)构成。

② cyclocompound *n.* 环状化合物。由 cyclo- 和 compound(*n.* 化合物)构成。

③ *Cyclostoma* 圆口螺属。由 cyclo- 和 -stoma(口)构成。

④ *Cyclotellina* 环樱蛤属。由 cyclo- 和 *Tellina* (樱蛤属)构成。

⑤ *Cyclopterus* 圆鳍鱼属。由 cyclo- 和 -pterus (翼,鳍)构成。

-stomata,-stoma,-stome 口。如:

① hypostome *n.* 口下板。由 hypo- 和 -stome 构成。

② *Gnathostoma* 颚口线虫属。由 gnatho- 和 -stoma 构成。

作词头的口是"stomato-",如:

Stomatopoda (甲壳动物的)口足目。由 stomato- 和 -poda 构成。

[3] Chondrichthyes 软骨鱼纲。由 chondro-、ichthy- 和 -es(词尾)构成。

chondro- 软骨。如:

chondrocyte *n.* 软骨细胞,由 chondro- 和 -cyte 构成。

[4] Osteichthyes 硬骨鱼纲。由 osteo-、ichthyo- 和 -es(词尾)构成。

osteo- 硬骨。如:

① osteoblast *n.* 成骨细胞。由 osteo- 和 -blast（成……细胞，胚层）构成。

② osteogenesis *n.* 骨生成。由 osteo- 和 genesis 构成。

③ *Osteolepis* 骨鳞鱼属。由 osteo- 和 -lepis（片状，鳞片）构成。

[5] hagfish *n.* 盲鳗。属圆口鱼纲盲鳗目（Myxiniformes）盲鳗科（Myxinidae）。

[6] lamprey *n.* 七鳃鳗。属 Petromyzonidae（七鳃鳗科）。

[7] elasmobranch *n.* 软骨鱼，板鳃类。由 elasmo-（板片，薄片）和 -branch（鳃）构成。

[8] scale *n.* 鳞片。

[9] cartilaginous *adj.* 软骨的，软骨质的。

[10] shark *n.* 鲨鱼。

[11] skate *n.* 鳐科鱼类。属鳐形目（Rajiformes）。

[12] ray *n.* 鲼类，属鳐总目（Batoidei）鲼形目（Myliobatiformes）。

[13] teleost *n.* & *adj.* 硬骨鱼（的）。

[14] anchovy *n.* 鳀鱼。属 *Engraulis*（鳀属）。

[15] herring *n.* 鲱。属 Clupeidae（鲱科）。

[16] sardine *n.* 沙丁鱼。属 *Sardina*（沙丁鱼属）。

[17] piscivorous *adj.* 食鱼的。由 pisc- 和 -vorous 构成。

pisci- 鱼。如：

① piscation *n.* 捕鱼，打鱼。由 pisc- 和 -ation 构成。

② pisciculture *n.* 养鱼业，养鱼学。由 pisci- 和 culture 构成。

③ piscifauna *n.* 鱼类区系。由 pisci- 和 fauna 构成。

④ piscina *n.* 养鱼池塘。

[18] bluefish *n.* 鯥属鱼类。属 *Pomatomus* 属。

[19] jackfish *n.* 狗鱼（尤指幼鱼或小鱼）。属 Esocidae（狗鱼科）*Esox*（狗鱼属）。

[20] tuna *n.* 金枪鱼。

[21] flounder *n.* 鲽，比目鱼。

summer flounder 专指 *Paralichthys dentatus* 犬齿牙鲆。

[22] weakfish 银牙鰔，犬牙石首鱼。

[23] stenohaline *adj.* 狭盐性的。由 steno- 和 haline（*adj.* 盐度的）构成。

steno- 狭窄。如：

① stenotherm *n.* 狭温性生物。由 steno- 和 -therm（具有特定类型

体温的生物)构成。

② stenobathic *adj*. 狭深性的。由 steno- 和 -bathic(深度的)构成。

③ stenophagy *n*. 狭食性。由 steno- 和 -phagy 构成。

[24] euryhaline *adj*. 广盐性的。由 eury- 和 haline 构成。

eury- 广。如:

① eurytherm *n*. 广温性生物。由 eury- 和 -therm 构成。

② eurybathic *adj*. 广深性的。由 eury- 和 -bathic 构成。

③ euryphagy *n*. 广食性。由 eury- 和 -phagy 构成。

[25] brackish waters 半咸水域。

[26] anadromous *adj*. 溯河产卵的,溯河的。由 ana- 和-dromous 构成。

ana- 上边的,向上。

-dromous 洄游,跑。

[27] catadromous *adj*. 为产卵顺流而下的。由 cata- 和-dromous 构成。

cata- 下边的,向下。

[28] nursery ground *n*. 索饵场,幼体生长的场所。

[29] adventitious *adj*. 偶然的,外来的,不定的。

[30] diadromous *adj*. 海水和淡水两栖的,两侧洄游的。由 dia- 和 -dromous 构成。

dia- 横过。

1. Representative Fish Faunas

1.1 Estuaries

Common fishes of estuaries include the anchovies (Engraulidae[1]) (见图版 29:A), killifish[2] (Cyprinodontidae[3]) (见图版 29:C), silversides[4] (Atherinidae[5]) (见图版 29:D), herrings (Clupeidae) (见图版 29:B), mullet[6] (Mugilidae[7]) (见图版 29:E), pipefishes[8] (Syngnathidae[9]) (见图版 29:F), drums[10] (Sciaenidae[11]) (见图版 27:B), flounders[12] 【Bothidae[13] (见图版 30:D), Pleuronectidae (见图版 30:C)】, eels (Anguillidae[14]) (见图版 30:E), and gobies[15] (Gobiidae[16]) (见图版 28:I).

【注释】

[1] Engraulidae 鳀科。

[2] killifish *n.* 鳉鱼。
[3] Cyprinodontidae 鳉科。
[4] silversides *n.* 银汉鱼。
[5] Atherinidae 银汉鱼科。
[6] mullet *n.* 鲻鱼，胭脂鱼。
[7] Mugilidae 鲻科。
[8] pipefishes *n.* 尖嘴鱼，海龙。
[9] Syngnathidae 海龙科。属硬骨鱼纲刺鱼目(Gasterosteiformes)。
[10] drum *n.* 石首鱼(也用“drumfish”)。
[11] Sciaenidae 石首鱼科。
[12] flounder *n.* 比目鱼，鲽。这里实际上是指鲽形目(Pleuronectiforme)包括鲆科和鲽科等。
[13] Bothidae 鲆科。
[14] Anguillidae 鳗鲡科。
[15] goby *n.* 鰕虎鱼。
[16] Gobiidae 鰕虎鱼科。

1.2 Pelagic Environment

i. Neritic zone—Characteristic fishes in the neritic zone are herrings (Clupeidae), eels (*Anguilla*[1]) (见图版 30:E-1), mackerels[2] (Scombridae[3]) (见图版 27:C), bluefish (*Pomatomus*) (见图版 27:H), butterfishes[4] (Stromateidae[5]) (见图版 27:D), tunas (*Thunnus*[6]) (见图版 27:A), marlin[7] (*Makaira*[8]) (见图版 27:E), snappers[9] (Lutjanidae[10]) (见图版 27:F), grunts[11] (Pomadasyidae[12]) (见图版 28:D), porgies[13] (Sparidae[14]) (见图版 28:A), sea trout[15] (*Cynoscion*[16]) (见图版 27:B-1), barracudas[17] (Sphyraenidae[18]) (见图版 27:G), and sharks.

ii. Epipelagic zone—Occupants of the epipelagic zone are some albacores[19] (见图版 27:A-2), bonitos[20] (见图版 27:C-2), and tunas (Scombridae), dolphins[21] (*Coryphaena*[22]) (见图版 28:B), mantas[23] (Mobulidae[24]) (见图版 26:F), marlin (*Makaira*), sailfish[25] (Histiophoridae[26]) (见图版 27:E), molas[27] (*Mola*[28]) (见图版 33:F), and lanternfish[29] (Myctophidae[30]) (见图版 31:C).

【注释】

[1] *Anguilla* 鳗鲡属。

[2] mackerel *n.* 鲭。

[3] Scombridae 鲭科。属鲈形目(Perciformes)。

[4] butterfishes *n.* 鲳鱼。

[5] Stromateidae 鲳科。

[6] *Thunnus* 金枪鱼属。

[7] marlin *n.* 枪鱼,青枪鱼,四鳃旗鱼。

[8] *Makaira* 枪鱼属。属鲈形目鲭亚目旗鱼科。

[9] snapper *n.* 笛鲷。

[10] Lutjanidae 笛鲷科,也有人写成:Lutianidae。

[11] grunt *n.* 石鲈,呼噜声。

[12] Pomadasyidae 石鲈科。

[13] porgy *n.* 鲷。

[14] Sparidae 鲷科。

[15] trout *n.* 鳟鱼,鲑鱼,鲑鳟鱼类。
sea trout 专指犬牙石首鱼属的鱼类。

[16] *Cynoscion* 狗鰔属,或犬牙石首鱼属。

[17] barracuda *n.* 鲟。

[18] Sphyraenidae 鲟科。

[19] albacore *n.* 长鳍金枪鱼(*Thunnus alalunge*)。

[20] bonito *n.* 鲣。

[21] dolphin *n.* 海豚,鲯鳅鱼。

[22] *Coryphaena* 鲯鳅属。属鲈形目鲈亚目(Percoidei)鲯鳅科(Coryphaenidae)。因为该鱼的头部像海豚,所以俗名称为"dolphins"。

[23] manta *n.* 外套,蝠鲼。

[24] Mobulidae 蝠鲼科。属软骨鱼类的鲼形目(Myliobatiformes),魟、鲼都属此目。

[25] sailfish *n.* 旗鱼(旗鱼和枪鱼同属旗鱼科)。

[26] Histiophoridae 旗鱼科。

[27] mola *n.* 翻车鱼。

[28] *Mola* 翻车鲀属。属鲀形目(Tetraodontiformes),此目最常见的种类

是鲀亚目中的种类,如"红稽东方鲀",其肝脏、生殖腺和血液中有河豚毒素。

[29] lanternfish *n.* 灯笼鱼。属灯笼鱼目(Myctophiformes),灯笼鱼科、狗母鱼科(Synodidae)和炉眼鱼科(Ipnopidae)都属此目。注意:狗母鱼与狗鱼是不一样的,狗鱼属鲑形目。

[30] Myctophidae 灯笼鱼科。

iii. Mesopelagic zone—In the mesopelagic zone, fish examples include deep-sea eels (*Synaphobranchus*[1]) (见图版 30:E-2), the deep-sea swallower[2] (*Chiasmodus*[3]) (见图版 28:C), lanternfishes (Myctophidae), stalkeyed fish[4] (*Idiacanthus*[5]) (见图版 31:E), and stomiatoids[6] (见图版 31:F).

iv. Bathypelagic zone—Examples of fishes found in the bathypelagic zone are the deep-sea swallower (*Chiasmodus*), deep-water eels (e. g., *Cyema*[7]), stomiatoids (e. g., *Chauliodus*[8]) (见图版 31:G), scorpionfishes[9] (Scorpaenidae[10]) (见图版 32:A), dories[11] (Zeidae[12]) (见图版 31:A), gulpers[13] (*Eurypharynx*[14]) (见图版 30:G-1), and swallowers (*Saccopharynx*[15]) (见图版 30:G-2).

v. Abyssopelagic zone—Some of the fishes encountered in the abyssopelagic zone are deep-water eels (*Cyema*), deep-sea anglers[16] 【*Borophryne*[17] (见图版 32:E) and *Melanocetus*[18] (见图版 32:D)】, gulpers (*Eurypharynx*), and stomiatoids (*Chauliodus*).

【注释】

[1] *Synaphobranchus* 合鳃鳗属。由 synapho-、branch-(鳃)和词尾 -us 构成。属硬骨鱼纲合鳃目【Synbranchiformes,也称鳗鲡目(Anguilliformes)】。

synapho- 合、一起。

[2] swallower *n.* 叉齿鱼,囊喉鱼。

[3] *Chiasmodus* 叉齿鱼属(也有的写成:*Chiasmodon*)。深海鱼类,属鲈形目。

[4] stalkeyed fish 奇棘鱼科鱼类。

[5] *Idiacanthus* 奇棘鱼属(深海鱼类)。属硬骨鱼纲巨口鱼目(Stomiiformes)。

[6] stomiatoid *n.* 巨口鱼类(也有写成:stomiatid)。大洋性深水鱼类,属巨口鱼目巨口鱼科(Stomiatidae)。

[7] *Cyema* 月尾鳗属。

[8] *Chauliodus* 蝰鱼属。属硬骨鱼纲巨口鱼目蝰鱼科(Chauliodontidae)。

[9] scorpionfish *n.* 鲉.

[10] Scorpaenidae 鲉科。属硬骨鱼纲鲉形目(Scorpaeniformes)。

[11] dory *n.* 海鲂。

[12] Zeidae 海鲂科。属硬骨鱼纲海鲂目(Zeiformes)。

[13] gulper *n.* 囊喉鱼,宽咽鱼。

[14] *Eurypharynx* 宽咽鱼属。由 eury- 和 pharynx 构成。
pharynx *n.* 咽喉。

[15] *Saccopharynx* 囊鳃鳗属,或囊喉鱼属。由 sacco- 和 pharynx 构成。
sacco- 囊。

[16] angler *n.* 钓鱼者,鮟鱇鱼。

[17] *Borophryne* 贪口树须鱼属。属鮟鱇目(Lophiiformes)树须鱼科(Linophrynidae)。

[18] *Melanocetus* 黑角鮟鱇鱼属。属鮟鱇目,黑角鮟鱇科(Melanocetidae)。

1.3 Benthic Environment

i. Supratidal zone—Only a few species have established niches in this environment. Some of these include gobies (Gobiidae), eels (*Anguilla*), and clingfishes[1] (Gobiesocidae[2]) (见图版 32:F).

ii. Intertidal zone—Representative fishes of the intertidal zone include stingrays[3] (Dasyatidae[4]) (见图版 26: F-1), flounders (Bothidae, Pleuronectidae), soles[5] (Soleidae[6]) (见图版 30:B), eels (*Anguilla*), morays[7] (Muraenidae[8]) (见图版 30: F), clingfishes (Gobiesocidae), sculpins[9] (Cottidae[10]) (见图版 32:C), searobins[11] (Triglidae[12]) (见图版 32:B), blennies[13] (Blenniidae[14]) (见图版 28:E), gobies (Gobiidae), pipefishes and seahorses[15] (Syngnathidae) (见图版 29: F-2), and cusk-eels[16] (Ophidiidae[17]) (见图版 33:A).

iii. Subtidal zone—Fishes commonly occurring in the inner subtidal zone of the continental shelf (to a depth of ～50 m) are skates (Rajidae[18]), stingrays (Dasyatidae), flounders and soles (Pleuronectiformes), searobins (Triglidae), dogfish sharks[19] (Squalidae[20]) (见图版 26:D), bonefish[21] (Albulidae[22]) (见图版 30:A), eels (*Anguilla*), morays (Muraenidae), seahorses and pipefishes (Syngnathidae), croakers[23] (见图版 27:B-1), kingfish[24] (见图版 27: B-2), and drums (Sciaenidae), hakes[25] (Gadidae[26]) (见图版 33:B), wrasses[27] (Labridae[28]) (见图版 28:F), butterflyfishes[29] and angelfishes[30] (Chaetodontidae[31]) (见图版 28:G), parrotfishes[32] (Scaridae[33]) (见图版 28:H), trunkfishes[34] (Ostraciidae[35]) (见图版 33:D), puffers[36] (Tetraodontidae[37]) (见图版 33:E), and blennies (Blenniidae). In the outer subtidal zone of the continental shelf (from 50 to ~ 200 m depth) common fishes include cod (*Gadus*), haddock (*Melanogrammus*), hakes【*Merluccius*[38] (见图版 33:B-1) and *Urophycis*[39] (见图版 33: B-2)】, halibuts[40] (*Hippoglossus*[41]) (见图版 30: C), chimaeras[42] (*Chimaera*[43]) (见图版 26:C), hagfishes (Myxinidae), eels (*Anguilla*), and pollock[44] (*Pollachius*[45]).

【注释】

[1] clingfish *n*. 喉盘鱼。

[2] Gobiesocidae 喉盘鱼科。属硬骨鱼纲喉盘鱼目(Gobiesociformes)。

[3] stingray *n*. 魟科鱼类。

[4] Dasyatidae 魟科。

[5] sole *n*. 鳎,鞋底。

[6] Soleidae 鳎科。

[7] moray *n*. 海鳗。

[8] Muraenidae 海鳝科。属硬骨鱼纲鳗鲡目。

[9] sculpin *n*. 杜父鱼。

[10] Cottidae 杜父鱼科。属硬骨鱼纲鲉形目。

[11] searobin 鲂鮄科鱼类。也写成:sea robins。

[12] Triglidae 鲂鮄科。属硬骨鱼纲鲉形目。

[13] blenny *n*. 粘鱼,鳚科鱼类。

[14] Blenniidae 鳚科。属硬骨鱼纲鲈形目。

[15] seahorse 海马,海象。也写成 sea horse。

[16] cusk-eel *n.* 鼬鳚科鱼类。

cusk *n.* 鳕鱼的一种，称“单鳍鳕”，其拉丁文学名为：*Brosme brosme*。

[17] Ophidiidae 鼬鳚科。属硬骨鱼纲鳕形目(Gadiformes)。

[18] Rajidae 鳐科。

[19] dogfish shark 角鲨科鱼类。

[20] Squalidae 角鲨科。

[21] bonefish 北梭鱼。注意与 bony fish 和 bony fishes 的区别：

bony fishes = teleosts 硬骨鱼类。

bony fish = *Elops machnata* 海鲢。

[22] Albulidae 北梭鱼科。

[23] croaker *n.* 喊冤者，石首鱼科鱼类。

[24] kingfish *n.* 无鳔石首鱼，有绝对权威的人。

[25] hake *n.* 鳕鱼类。主要指无须鳕属和长鳍鳕属的鳕鱼。cod 也是鳕鱼类，尤指鳕属(*Gadus*)。

[26] Gadidae 鳕科。

[27] wrasse *n.* 濑鱼(隆头鱼科鱼类)。

[28] Labridae 隆头鱼科。属硬骨鱼纲鲈形目。

[29] butterflyfishes 蝴蝶鱼科鱼类。

[30] angelfishes *n.* 刺蝶鱼属(*Holacanthus*)和刺盖鱼属(*Pomacanthus*)的鱼类。同属蝴蝶鱼科，刺盖鱼亚科。

[31] Chaetodontidae 蝴蝶鱼科。属硬骨鱼纲鲈形目。

[32] parrotfish *n.* 鹦嘴鱼，隆头鱼。

[33] Scaridae 鹦嘴鱼科。属硬骨鱼纲鲈形目。

[34] trunkfishes *n.* 箱鲀科鱼类。

[35] Ostraciidae 箱鲀科。属硬骨鱼纲鲀形目。

[36] puffer *n.* 吹嘘者，鲀科鱼类。

[37] Tetraodontidae 鲀科。属硬骨鱼纲鲀形目。

[38] *Merluccius* 无须鳕属。

[39] *Urophycis* 长鳍鳕属。

[40] halibut *n.* 大比目鱼，鳙鲽。

[41] *Hippoglossus* 鳙鲽属。

[42] chimaera *n.* 银鲛，幻想。

[43] *Chimaera* 银鲛属。属软骨鱼纲全头亚纲(Holocephali)银鲛目(Chimaeriformes)。

[44] pollock *n.* 鳕鱼类,尤指青鳕属(*Pollachius*)。

[45] *Pollachius* 青鳕属。

iv. Bathyal zone—Some typical bathyal fishes are halibuts (*Hippoglossus*), chimaeras (*Chimaera*), cod (*Gadus*), and hagfishes (Myxinidae).

v. Abyssal zone—Abyssal fishes include rattails[1] or grenadiers[2] (Macrouridae[3]) (见图版 33:C), eels (*Synaphobranchus*), brotulas[4] (Brotulidae[5]), and relatives of the lanternfish【e. g., *Bathypterois*[6] (见图版 31:D) and *Ipnops*[7]】.

vi. Hadal zone—Examples of fishes inhabiting the hadal region are rattails (Macrouridae), deep-water eels (*Synaphobranchus*), and brotulids【*Bassogigas*[8] (见图版 33:A-2)】.

Environmental conditions greatly influence fish assemblages found at specific areas in the sea. Of particular importance are temperature, salinity, light, and currents. Biological factors of significance include food supply, competition, and predation.

Estuaries rank among the most physically unstable areas for fish. Populations must deal with temperature as well as salinity gradients. In temperate and boreal regions, seasonal temperature changes usually have a marked effect on the structure of fish assemblages and the physiology of fishes. A consistent trend is noted among all sets of isoenzyme studies: enzymes of cryo-adapted[9] species have higher catalytic efficiencies than those of warm-adapted species. The migratory patterns of many species, for example, are strongly coupled to seasonal temperature levels. Changing thermal gradients can act as barriers to certain species (e. g., bluefish), thereby affecting their migratory behavior. To maximize survivorship in estuarine habitats, fishes thermoregulate[10] behaviorally, avoiding or selecting environmental temperatures. However, the observed distribution of a species in an estuary reflects its response to other factors as well, such as food availability, nutritional state, competition, predation, and habitat requirements.

A common problem encountered in some estuaries is reduced dissolved oxygen. In severe cases, when dissolved oxygen concentrations decrease below 4 ml/l and approach 0 ml/l, fish populations are impacted. Migration routes may be effectively blocked by oxygen-depleted water masses that spread over broad areas, persisting for months. Schooling[11] fish entering waters devoid of oxygen can be trapped, occasionally culminating in mass mortality.

【注释】

[1] rattail *n.* 长尾鳕(也可写成:rat tail)。

[2] grenadier *n.* 突吻鳕。其拉丁文学名为:*Coryphaenoides*(突吻鳕属)。

[3] Macrouridae 长尾鳕科(也写成:Macruridae)。有的叫做突吻鳕科(Coryphaenoididae)。

[4] brotula *n.* 须鳚,也写成 brotulid。

[5] Brotulidae 鳚科。有的认为 Brotulidae =Ophidiidae(鼬鳚科)。属硬骨鱼纲鳕形目。

[6] *Bathypterois* 深海狗母鱼属。深海狗母鱼属灯笼鱼目深海狗母鱼科(Bathypteroidae)。

[7] *Ipnops* 炉眼鱼属。属灯笼鱼目炉眼鱼科。

[8] *Bassogigas* 鼬鳚科(Ophidiidae)中的一个属。

[9] cryo-adapted 冷适应的。

cryo- 冷。如:

① cryesthesia *n.* 冷觉过敏。由 cryo- 和 esthesia (*n.* 知觉,敏感度)构成。

② cryobiology *n.* 低温生物学。由 cryo- 和 biology 构成。

③ cryodrying *n.* 低温干燥。由 cryo- 和 drying 构成。

④ cryology *n.* 低温学。由 cryo- 和 -ology 构成。

⑤ cryoplankton *n.* 冰雪浮游生物。由 cryo- 和 plankton 构成。

⑥ cryoprecipitate *v.* 低温沉淀。由 cryo- 和 precipitate(*v.* 使沉淀)构成。

[10] thermoregulate *v.* 温度调节。由 thermo- 和 regulate 构成。

[11] school *v.* 集群。

B. Crustaceans and Cephalopods

Among the invertebrates, crustaceans and cephalopods constitute important members of the nekton. Pelagic swimming crabs, shrimp, euphausiids, cuttlefish[1](见图版 34:B-1), octopods[2](见图版 34:B-2), and squid[3](见图版 34:B-3 和 B-4) are examples. Shrimp (见图版 34:A-3), crab (见图版 34:A-1 和 A-2) and squid are of greatest commercial interest because they serve as major sources of food in many countries. For example, blue crab (见图版 34:A-1) is commercially important in U. S. A.. The classification of blue crab is as follow:

Phylum, Arthropoda

Class, Crustacea

Subclass, Malacostraca[4]

Division, Thoracostraca

Order, Decapoda

Suborder, Brachyura[5]

Superfamily[6], Brachyrhyncha

Family, Portunidae[7]

Genus, *Callinectes*

Species, *C. sapidus*

Mud crab[8](见图版 34:A-2) is an important aquaculture[9] species in southeast Asia and China. Mud crab also belongs to Portunidae. Although some squid【e. g., *Architeuthis*[10] (见图版 34:B-4)】exceed 20 m in length, most are no longer than 50 to 60 cm. They are carnivores, feeding on crustaceans (e. g., crabs and shrimp), cephalopods (e. g., other squid), and fish.

Crustacea is a class of animals belongs to Arthropoda. The general characteristics of the Arthropoda include a hard exoskeleton[11] composed mainly of chitin. Chitin is a complex polysaccharide[12], a type of carbohydrate. The shell protects the animal and gives ridged areas for muscle attachment. This shell is secreted by the epidermis, and due to its restrictive nature when hardened, it must be shed at intervals to allow for growth. Although a large fraction of the known species of crustaceans is decapod, the most radical deviations of this order from the basic type are those of the crab—like anomurans[13]. In Anomura, abdomen variously formed, reflexed beneath thorax as in crabs, or soft and twisted asymmetrically, or symmetrically; pleura[14] and tail fan[15] usually reduced or absent; third legs never chelate[16]; fifth legs commonly reduced and turned upward.

【注释】

[1] cuttlefish *n.* 墨鱼，乌贼。

[2] octopod *n.* 八足类动物。由 octo- 和 -pod 构成。属八腕(动物)目(Octopoda)。

octo- 八。

[3] squid *n.* 乌贼，枪乌贼。

[4] Malacostraca(甲壳动物的)软甲亚纲。由 malaco-和 -straca 构成。

malaco- 软的。如：

① malacoderm *n.* 软皮动物。由 malaco- 和 -derm 构成。

② malacology *n.* 软体动物学。由 malaco- 和 -ology 构成。

[5] Brachyura (甲壳动物的)短尾亚目，短尾派。由 brachy- 和 -ura 构成。

brachy- 短的。如：

① Brachyrhyncha(甲壳动物的)短喙总科。由 brachy-、rhynch-(鼻，吻，喙，嘴)和 -a(拉丁文生物学名的词尾)构成。

② *Brachystomia* 短口螺属。由 brachy-和-stomia(呈某种状态的口)构成。

③ brachycephalic *adj.* 短头的。由 brachy- 和-cephalic(有……头的)构成。

-ura 有……尾者。如：

Macrura(甲壳动物的)长尾亚目，长尾派。由 macro-(长的，大的)和 -ura 构成。

[6] superfamily *n.* (生物的分类单位)总科。有 super- 和 -family 构成。

super- 总的。如：

① superorder *n.* (生物的分类单位)总目。由 super- 和 -order 构成。

② superoxide *n.* 过氧化物。由 super- 和 oxide(*n.* 氧化物)构成。

③ supersaturation *n.* 过饱和。由 super- 和 saturation(*n.* 饱和)构成。

[7] Portunidae (甲壳动物的)梭子蟹科。

[8] mud crab 青蟹。属于 *Scylla*(青蟹属)。

[9] aquaculture *n.* 水产养殖。由 aqua- 和 culture 构成。

aqua-,aqui- 水。如:

① aqua *n.* 水,溶液。其复数为:aquae。

② aquiculture = aquaculture

③ aquafarm *n.* 水产养殖场。由 aqua- 和 farm(*n.* 农场)构成。

④ aquastat *n.* 水温自动调节器。由 aqua- 和-stat(稳定器,稳定计)构成。

[10] *Architeuthis* 大王乌贼属。

[11] exoskeleton *n.* 外骨骼。

[12] polysaccharide *n.* 多糖。由 poly- 和 saccharide(*n.* 糖)构成。

[13] anomuran *n.* & *adj.* 异尾派(亚目)动物(的)。其拉丁文学名为:Anomura 异尾派(亚目),由 anom- 和 -ura 构成。

anom-(或 anomo-, anomal-, anomali-, anomalo-) 异常的,不规则的。如:

① *Anomalifrons* 异额蟹属。由 anomali- 和 frons(*n.* 额,前额)构成。

② *Anomalocardia* 畸心蛤属。由 anomalo- 和-cardia(心)构成。

③ *Anomalocera* 异角水蚤属。由 anomalo- 和-cera(带角者)构成。

④ anomalism *n.* 异常性,变态。由 anomal-和 -ism(表示"状态"、"情况"和"特性")构成。

[14] pleura *n.* 侧板。

[15] tail fan = rhipidura *n.* 尾扇。

[16] chelate *adj.* 有螯的。*v.* 成螯状。由 chel- 和词尾-ate 构成。

chel- 或 cheli- 爪,螯。如:

① chelicera *n.* 螯角,螯肢。由 cheli- 和 -cera(带角者)构成。

② cheliped *n.* 螯足。由 cheli- 和 -ped(足,具足的)构成。

③ chelon *n.* 螯合剂。

④ cheliform *adj.* 螯形的。*n.* 钳爪状。由 cheli-和 -form(形式,样子)构成。

⑤ chelation *n.* 螯合作用。由 chel- 和 -ation (表示动作或过程)构成。

C. Marine Reptiles

There are two major reptilian[1] representatives in the oceans—sea snakes (～50 species) (见图版 34:D) and sea turtles (5 species) (见图版 34:C). Both groups primarily inhabit warm tropical waters. While marine turtles return to sandy beaches on land to lay their eggs above the high-tide mark, sea snakes remain in the ocean where they bear[2] their live young. Sea turtles are harvested for their meat, and their shells are sought for decorative purposes. Because of human predation pressure, many conservation groups have expressed concern for the long-term health of these reptiles. Their total numbers have been dramatically reduced throughout the world in recent years.

【注释】

[1] reptilian *adj.* 爬行动物的。

[2] bear *v.* 承受,忍受,生育。

bear their live young 生下它们的小仔。

D. Marine Mammals

Some of the most spectacular members of the oceanic nekton are marine mammals. Four orders of mammals inhabit the sea: (1) the Cetacea【whales (见图版 34:E-1), porpoises[1] (见图版 34:E-3), and dolphins (见图版 34:E-2)】; (2) the Pinnipedia【seals (见图版 35:A-1), sea lions (见图版 35: A-2), and walruses[2] (见图版 35: A-3)】; (3) the Sirenia[3]【manatees[4] (见图版 35:B-1) and dugongs[5] (见图版 35:B-2)】; and (4) the Carnivora[6]【sea otters[7] (见图版 35:C)】. Approximately 140 mammalian species are represented. The Cetacea is the largest order, containing more than75 species. Members of the Cetacea give birth to their young at sea.

They regularly traverse great distances in search of food, which consists of a variety of prey. The larger whales (i. e., baleen whales[8]) feed on zooplankton, benthic invertebrates, or fish. These animals commonly exceed 10 m in length and include the largest mammal on earth【i. e., the blue whale[9] *Balaenoptera musculus*[10](见图版 34:E-1) is >30 m long】. The toothed whales[11] (including porpoises and dolphins) are major predators; they consume a wide variety of fish.

In contrast to the cetaceans, the pinnipeds give birth to their young on land or on floating ice. They are similar to the toothed whales in that they largely prey on fish. There are 32 species of pinnipeds inhabiting marine waters worldwide. Many have been heavily exploited for their fur, oil, or ivory[12]. As a consequence, they have been the target of many conservation efforts leading to the relaxing of hunting pressure in many regions. These changes have had a positive effect on the revitalization of various pinniped species.

The sirenians feed lower on the food chain, consuming larger plants. These herbivorous mammals inhabit rivers, estuaries, and shallow coastal marine waters in low latitudes. Only three species of manatees and one dugong species belong to this order. As in the case of the pinnipeds, the sirenians have been hunted in the past for their meat and oil, causing drastic reductions in their abundance. During the past few decades, efforts have been expended to protect these mammals from further exploitation and other anthropogenic impacts.

Many species of marine mammals are long-lived. For example, sperm whales[13] and fin whales[14] may live for 80 years. Bottlenose[15] porpoises (见图版 34:E-2), gray seals[16], and harbor seals[17] (见图版 35:A-1) often exceed 30 years in age. The low fecundity, long development times, and long life spans characterizing the marine mammals make them vulnerable to human exploitation.

【注释】

[1] porpoise *n*. 海豚,鼠海豚。porpoise 和 dolphin 都译成"海豚",但有种

类上的差异。dolphin 是海豚科(Delphinidae)的统称;porpoise 有的是指“海豚科”中的真海豚、原海豚和宽吻海豚,也有的指鼠海豚科(Phocoenidae)的海豚。

[2] walruse *n.* 海象。

[3] Sirenia 海牛目。

[4] manatee *n.* 海牛。

[5] dugong *n.* 儒艮,一种海牛。

[6] Carnivora 食肉目。英语名词:carnivore。

[7] otter *n.* 水獭。

[8] baleen *n.* 鲸须。baleen whale 须鲸。属鰛鲸科(Balaenopteridae),也称须鲸科。

[9] blue whale 蓝(须)鲸。

[10] *Balaenoptera musculus* 蓝(须)鲸的拉丁文学名。

[11] toothed whale 齿鲸。属齿鲸科(Odontoceti)。Odontoceti 由 odonto- 和 -ceti 构成。

odonto- 齿。

ceto- 鲸。

[12] ivory *n.* 象牙。

[13] sperm whale 抹香鲸。其拉丁文学名为:*Physeter macrocephalus*,属抹香鲸科(Physeteridae)。

[14] fin whale 长须鲸。其拉丁文学名为:*Balaenoptera physalus*,属须鲸科。若写成:finwhales 则指须鲸类(须鲸属)鲸鱼。

[15] Bottlenose *n.* 宽吻海豚。其拉丁文学名为:*Tursiops truncatus*,属海豚科。

[16] gray seals 灰海豹。其拉丁文学名为:*Halichoerus grypus*,属鳍脚目海豹科(Phocidae 或 Otariidae)。

[17] harbor seal 港海豹。其拉丁文学名为:*Phoca vitulina*,属鳍脚目海豹科。

E. Seabirds

Many species of seabirds (>250 species) utilize estuarine and marine environments, frequenting numerous habitats in search of food. Three broad ecological groups are recognized based on avian[1] behavior and feeding. These include (1) the coastline birds that occasionally move inland【e. g., cormorants[2](见图版 35:D-1), gulls[3], and coastal terns[4]】; (2) the divers[5] that catch fish below the sea surface【e. g., gannets[6] and penguins[7](见图版 35:E)】; and (3) the ocean-going[8] forms that spend most of their lives over and on the sea surface【e. g., albatrosses[9](见图版 35:F), petrels[10], and shearwaters[11]】. Most of these birds consume fish as part of their diet. Auks[12], albatrosses, penguins, petrels, and gannets are the most highly adapter birds to the marine environment.

Seabirds exhibit several modes of feeding. Most actively pursue food in the uppermost areas of the water column. While cormorants, gannets, murres[13], pelicans[14](见图版 35:D-2), penguins, puffins[15], and terns dive or swim underwater to obtain food, other species such as gulls, petrels, and skimmers[16] skim[17] the neuston at the sea surface. The highest abundances of seabirds occur where the food supply is greatest along coastal areas, in upwelling zones, and at oceanic fronts[18].

Seabirds nest and breed on land, often in dense colonies. In some cases, the birds fly many kilometers to their breeding grounds. It is during breeding periods that seabirds are most susceptible to predation. Nesting colonies are commonly attacked by rats, racoons[19], foxes, domestic animals, and other predators. Eggs and young of the species are particularly vulnerable prey to these intruders. Human disturbance of nesting sites also can have devastating impacts on the bird populations.

【注释】

[1] avian *n.* & *adj.* 鸟(的)。

[2] cormorant *n.* 鸬鹚。*n.* & *adj.* 贪婪(的)人。

[3] gull *n*. 海鸥,笨人。
[4] tern *n*. 燕鸥。
[5] diver *n*. 潜水员,潜鸟。
[6] gannet *n*. 塘鹅。
[7] penguin *n*. 企鹅。
[8] ocean-going *adj*. 远洋的,行驶外洋的。
[9] albatross *n*. 信天翁。
[10] petrel *n*. 海燕类。
[11] shearwater *n*. 海鸥类。
[12] auk *n*. 海雀。
[13] murre *n*. 海鸠。
[14] pelican *n*. 鹈鹕。
[15] puffins *n*. 角嘴海雀。
[16] skimmer *n*. 燕鸥类,撇水鸟,蜻蜓,刮油器。
[17] skim *v*. 撇水(意:从水面掠过)。
[18] front *n*. 锋(面)。
[19] racoon *n*. 浣熊。

Many bird species other than seabirds frequent estuarine and neighboring coastal environments in search of suitable habitats for foraging, breeding, and nesting. Among these groups of birds are waterfowl[1] (e. g. , ducks, geese[2], mergansers[3], and swans[4]), waders[5]【e. g. , egrets[6] (见图版 35:H), ibises[7], and herons[8]】, and shorebirds[9]【i. e. , plovers[10] (见图版 35:G) and true shorebirds】. Waterfowl and waders generally comprise the most abundant bird populations along estuaries. Many migrating waterfowl and shorebirds in North America nest in the tundra[11] regions of Canada and Alaska, but overwinter or stop briefly along estuaries far to the south where they feed. The estuaries are critical to the long-term health and viability of these avifauna[12].

In the Delaware[13] Bay area, shorebirds gain as much as 50% of their body weight in fat over a 10- to 14-day foraging period, consuming large amounts of horseshoe crab[14] (*Limulus polyphemus*[15]) eggs along beaches. Delaware Bay is a major staging area for shorebirds migrating from South America. More than a million of these birds use the beaches and coastal marshes in the Delaware Bay area each spring. A number of species inhabit tidal marshes and mudflats of the estuary year-round. Many other temperate estuaries provide valuable habitat for migrating shorebirds as well.

Shorebirds, seabirds, and waterfowl play significant roles in coastal food webs. Many of these birds exert considerable predation pressure on some benthic and pelagic fauna. The predation effect is often most evident in benthic macroinvertebrate communities inhabiting tidal flats. Avifauna are particularly susceptible to a wide range of human impacts (e. g. , pollution, habitat destruction, and hunting) in the coastal zone.

【注释】

[1] waterfowl *n.* 水鸟。
[2] geese *n.* 鹅。
[3] merganser *n.* 秋沙鸭。
[4] swan *n.* 天鹅。
[5] wader *n.* 涉禽。
[6] egret *n.* 白鹭。
[7] ibis *n.* 朱鹭。
[8] heron *n.* 苍鹭。
[9] shorebird *n.* 海滨的鸟类。
[10] plover *n.* 鸻,鸻科鸟。
[11] tundra *n.* 冻土地带。
[12] avifauna *n.* 鸟类。由 avi- 和 -fauna 构成。
avi- 鸟,禽,飞。
[13] Delaware (美国东部的)特拉华(州)。
[14] horseshoe crab 鲎。
[15] *Limulus polyphemus* 鲎的一种。属节肢动物门,肢口纲剑尾目。

A 蒲氏粘盲鳗
(*Eptatretus burgeri*)

B 日本七鳃鳗
(*Lampetra japonica*)

C 太平洋长吻银鲛
(*Rhinochimaera pacifica*)

D 白斑角鲨
(*Squalus acanthias*)

E 中国团扇鳐
(*Platyrhina sinensis*)

F-1 赤魟
(*Dasyatis akajei*)

F-2 蝠鲼
(*Mobula mobular*)

图版26　游泳动物主要代表——脊椎动物亚门圆口纲和软骨鱼纲

圆口纲：A 盲鳗目(Myxiniformes) B 七鳃鳗目 (Petromyzoniformes)
软骨鱼纲：C 银鲛目(Chimaeriformes) D 角鲨目(Squaliformes)
E 鳐形目(Rajiformes) F 鲼形目(Myliobatiformes)

图片引自 http://www.blueanimalbio.com

A-1 黄鳍金枪鱼
(*Thunnus albacares*)

A-2 长鳍金枪鱼
(Thunnus alalunga)

B-1 犬牙石首鱼
(*Cynoscion arenarius*)

C-1 鲐
(*Scomber japonicus*)

B-2 波纹无鳔石首鱼
(*Menticirrhus undulatus*)

E 大西洋蓝枪鱼
(*Makaira nigricans*)

C-2 鲣
(*Katsuwonus pelamis*)

G 倒牙魣
(*Sphyraena putnamiae*)

D 银鲳
(*Pampus argenteus*)

F 四线笛鲷
(*Lutjanus kasmira*)

H 鯥
(*Pomatomus saltatrix*)

图版27 游泳动物主要代表——脊椎动物亚门硬骨鱼纲鲈形目（一）
A 金枪鱼科(Thunnidae) B 石首鱼科(Sciaenidae) C 鲭科(Scombridae)
D 鲳科(Stromateidae) E 旗鱼科(Histiophoridae) F 笛鲷科(Lutjanidae)
G 魣科(Sphyraenidae) H 鯥科(Pomatomidae)

A-1、A-2、B-2、D、E、F 引自 http://www.blueanimalbio.com
B-1 引自 http://life.bio.sunysb.edu
C-1 引自 http://www.omegacorplimited.com
C-2 引自 http://www.discoverlife.org
G 引自 http://www.tfrin.gov.tw
H 引自 http://siaiacad04.univali.br

A 黑鲷
(*Sparus macrocephalus*)

B 鲯鳅
(*Coryphaena hippurus*)

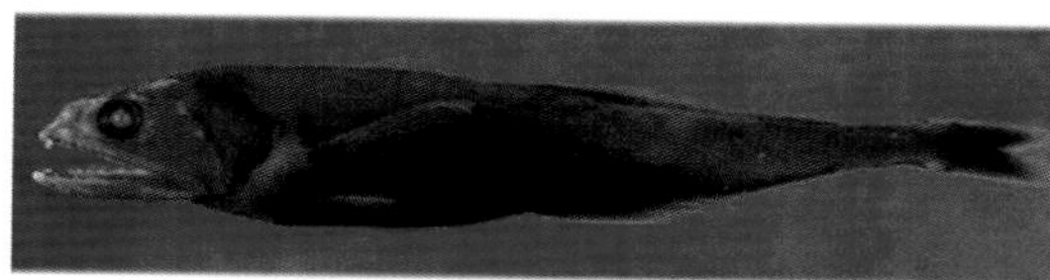

C 叉齿鱼
(*Chiasmodon harteli*)

D 银石鲈
(*Pomadasys argenteus*)

E 双色异齿鳚
(*Ecsenius bicolor*)

F 波纹唇鱼
(*Cheilinus undulatus*)

G 主刺盖鱼
(*Pomacanthus imperator*)

H 小吻鹰嘴鱼
(*Scarus gibbus*)

I 黑鰕虎鱼
(*Gobius niger*)

图版28　游泳动物主要代表——脊椎动物亚门硬骨鱼纲鲈形目（二）

A. 鲷科(Sparidae); B. 鲯鳅科(Coryphaenidae); C. 叉齿科(Chiasmodontidae); D.石鲈科(Pomadasyidae); E.鳚科(Blenniidae); F.隆头鱼科(Labridae); G. 蝴蝶鱼科(Chaetodontidae); H. 鹦嘴鱼科(Scaridae); I. 鰕虎鱼科(Gobiidae).

A、E、F和I 引自 http://www.blueanimalbio.com
B和C 引自 http://www.eol.org
D 引自 http://www.gwannon.com
G 引自 http://www.scuba-equipment-usa.com
H 引自 http://www.coral.org

A 鳀 (*Engraulis ringens*)

B-1 青鳞小沙丁鱼
(*Sardinella zunasi*)

B-2 大西洋鲱 (*Aphyosemion striatum*)

D 蓝美银汉鱼
(*Atherinomorus lacunosus*)

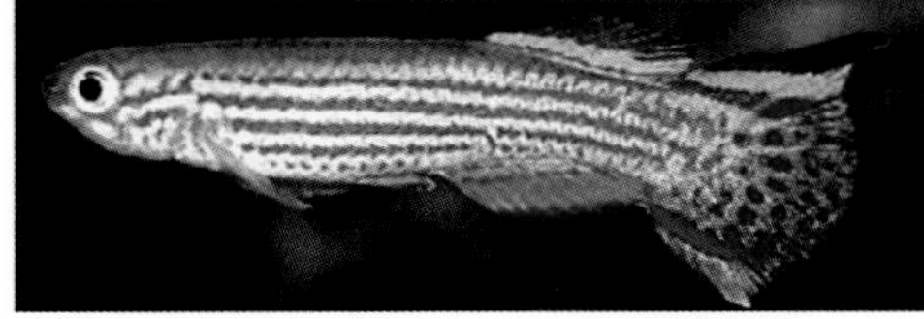

C 五线鳉 (*Aphyosemion striatum*)

E 鲻鱼 (*Mugil cephalus*)

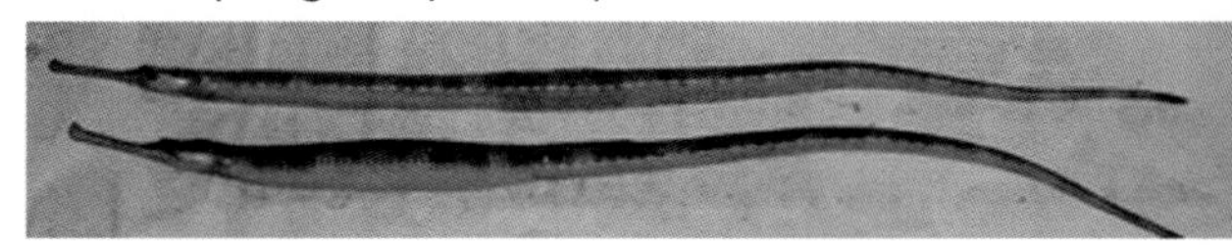

F-1 尖海龙
(*Syngnathus acus*)

F-2 管海马
(*Hippocampus kuda*)

图版29　游泳动物主要代表——脊椎动物亚门硬骨鱼纲鲱形目、鳉形目、银汉鱼目、鲻形目和刺鱼目

鲱形目: A 鳀科(Engraulidae)　B 鲱科(Clupeidae)
鳉形目: C 鳉科(Cyprinodontidae)　银汉鱼目: D 银汉鱼科(Atherinidae)
鲻形目: E 鲻科(Mugilidae)　刺鱼目: F 海龙科(Syngnathidae)

A 引自 http://www.discoverlife.org
B-1 引自黄宗国、林茂《中国海洋生物图集》2012.北京
B-2 引自http://www.marinespecies.org
C 引自 http://www.blueanimalbio.com
D 引自 http://www.eol.org
E 引自 http://www.forumincisi.com
F-1 引自 http://www.marlin.ac.uk
F-2 引自 http://www.oocities.org

A 北梭鱼
(*Albula vulpes*)

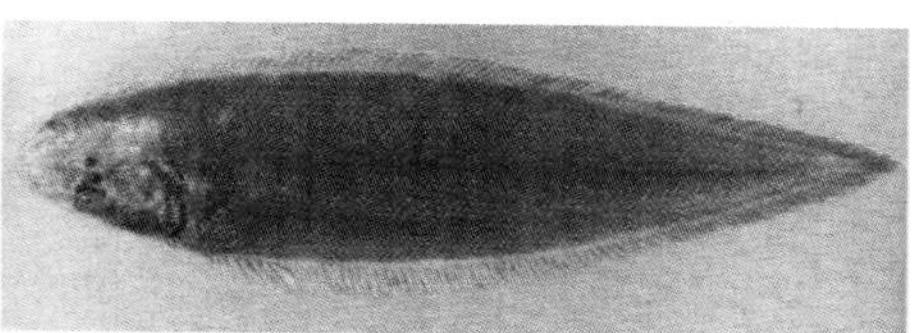

B 焦氏舌鳎
(*Cynogossus joyneri*)

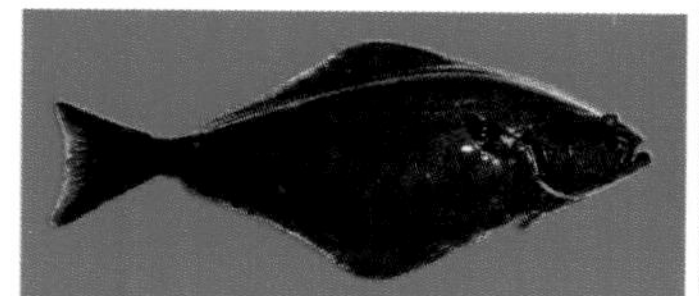

C 大西洋庸鲽
(*Hippoglossus hippoglossus*)

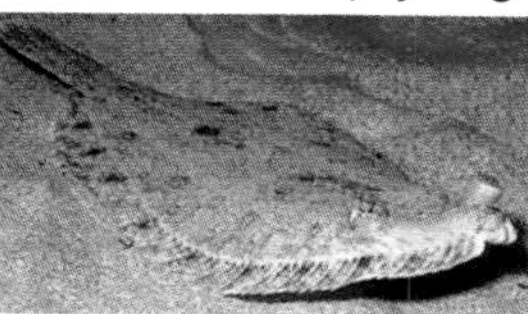

D-1 宽眼鲆
(*Bothus podas*)

D-2 犬齿牙鲆
(*Paralichthys dentatus*)

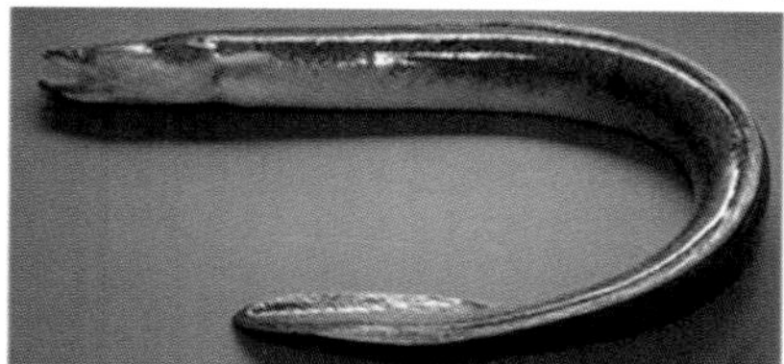

E-1 花鳗鲡
(*Anguilla marmorata*)

F 网纹裸胸鳝
(*Gymnothorax reticularis*)

E-2 合鳃鳗 (*Synaphobranchus kaupii*)

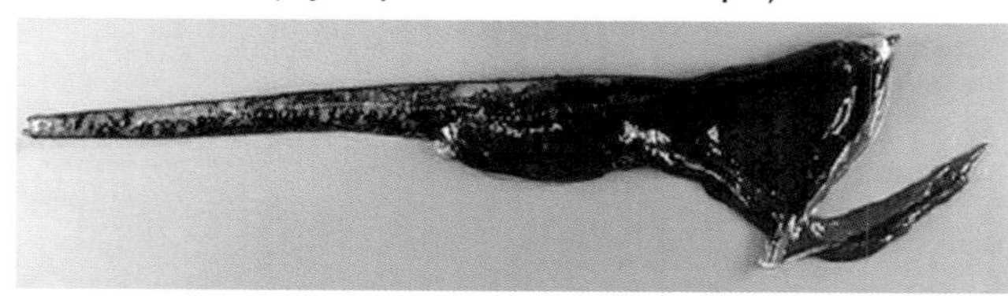

G-1 宽咽鱼
(*Eurypharynx pelecanoides*)

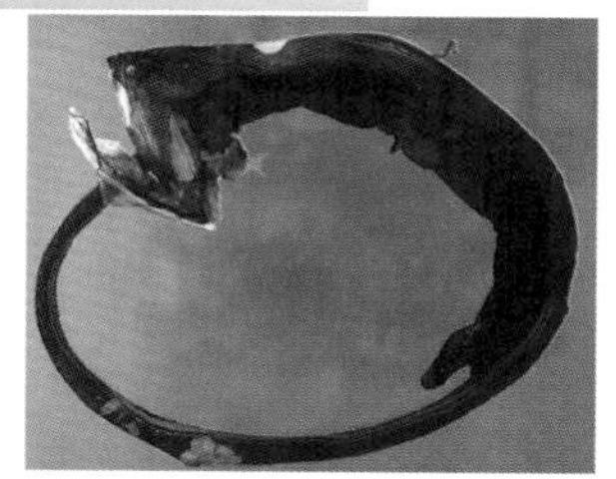

G-2 囊鳃鳗
(*Saccopharynx ampullaceus*)

图版30 游泳动物主要代表——脊椎动物亚门硬骨鱼纲海鲢目、鲽形目、鳗鲡目和囊鳃鳗目

海鲢目: A 北梭鱼科(Albulidae)
鲽形目: B 鳎科(Soleidae) C 鲽科(Pleuronectidae) D 鲆科(Bothidae)
鳗鲡目: E 鳗鲡科(Anguillidae) F 海鳝科(Muraenidae)
囊鳃鳗目: G 宽咽鱼科(Saccopharyngidae).

A、B 引自黄宗国、林茂《中国海洋生物图集》2012.北京
C、E-2 引自http://www.marinespecies.org
D-1、F 引自http://www.blueanimalbio.com
E-1 引自 http://www.afcd.gov.hk
G-1 引自 http://www.fogonazos.es
G-2 引自 http://www.eol.org

A 日本海鲂
(*Zeus japonicus*)

D 深海狗母鱼
(*Bathypterois dubius*)

B 狗鱼
(*Esox niger*)

C 大鳞新灯笼鱼
(*Neoscopelus macrolepidotus*)

E 奇棘鱼
(*Idiacanthus fasciola*)

F 巨口鱼
(*Stomias* sp.)

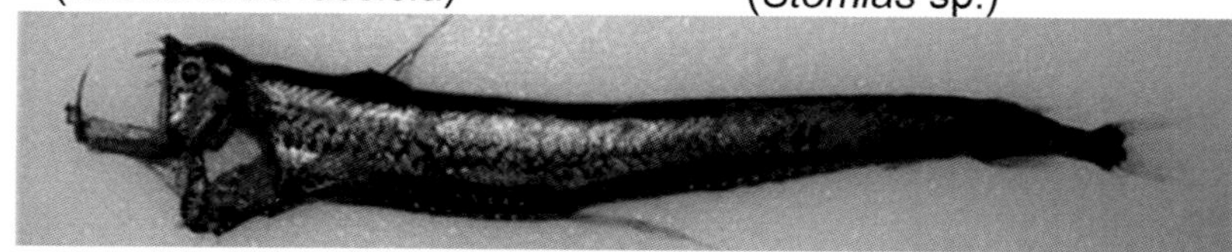

G 蝰鱼
(*Chauliodus sloani*)

图版31 游泳动物主要代表——脊椎动物亚门硬骨鱼纲海鲂目、鲑形目、灯笼鱼目和巨口鱼目

海鲂目: A 海鲂科(Zeidae) 鲑形目: B 狗鱼科(Esocidae)
灯笼鱼目: C 灯笼鱼科(Myctophidae) D 深海狗母鱼科(Bathypteroidae)
巨口鱼目: E 奇棘鱼科(Idiacanthidae) F 巨口鱼科(Stomiatidae)
G 蝰鱼科(Chauliodontidae)

A和C 引自 http://www.blueanimalbio.com
D 引自 http://www.marinespecies.org
E 引自 http://fasciola jamarc.fra.affrc.go.jp
B 引自 http://www.pinebarrensanimals.com
F 引自 http://catalog.digitalarchives.tw
G 引自 http://www.eol.org

A 触须蓑鲉
(*Pterois antennata*)

B 日本红娘鱼
(*Lepidotrigla japonica*)

C 中间裸棘杜父鱼
(*Gymnocanthus intermedius*)

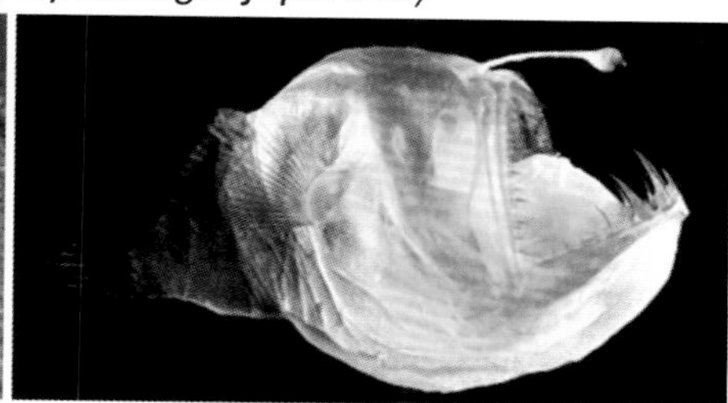

D 乔氏黑角鮟鱇
(*Melanocetus johnsoni*)

E 树须鱼
(*Linophryne arborifera*)

F 喉盘鱼
(*Lepadogaster lepadogaster*)

图版32 游泳动物主要代表——脊椎动物亚门硬骨鱼纲鲉形目、鮟鱇目和喉盘鱼目

鲉形目: A 鲉科(Scorpaenidae) B 鲂鮄科(Triglidae) C 杜父鱼科(Cottidae)
鮟鱇目: D 黑角鮟鱇科(Melanocetidae) E 树须鱼科(Linophrynidae)
喉盘鱼目: F 喉盘鱼科(Gobiesocidae)

A、B、C、D和E 引自 http://www.blueanimalbio.com
F 引自http://www.marinespecies.org

A-1 单鳍鳕
(*Brosme brosme*)

A-2 大渊鼬鳚
(*Bassogigas gillii*)

B-1 无须鳕
(*Merluccius merluccius*)

B-2 长鳍鳕
(*Urophycis floridana*)

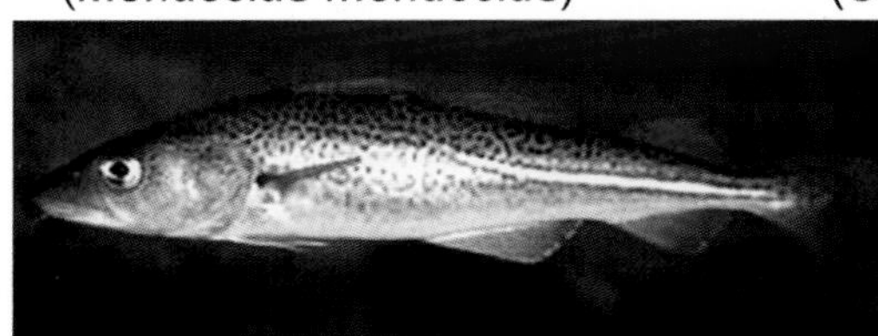

B-3 大西洋鳕
(*Gadus morhua*)

C 突吻鳕
(*Coryphaenoides subserrulatus*)

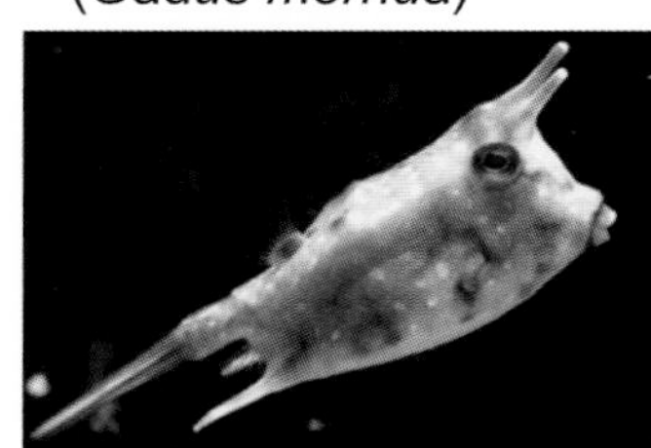

D 角箱鲀
(*Lactoria cornuta*)

E 双斑鲀
(*Tetraodon biocellatus*)

F 翻车鲀
(*Mola mola*)

图版33 游泳动物主要代表——脊椎动物亚门硬骨鱼纲鳕形目和鲀形目

鳕形目：A 鼬鳚科(Ophidiidae) B 鳕科(Gadidae)
C 突吻鳕科(Coryphaenoididae)

鲀形目：D 箱鲀科(Ostraciidae) E 鲀科(Tetraodontidae)
F 翻车鲀科(Molidae)

A-1 引自 http://www.seafoodfromnorway.com
A-2 引自 http://www.digitalfishlibrary.org
B-1 引自 http://www.biolib.cz
B-2 引自 http://www.samford.edu
B-3 、D、E 引自 http://www.blueanimalbio.com
C 引自 http://siladan.com
F 引自 http://www.boemre.gov

A-1 蓝泳蟹
(*Callinectes sapidus*)

A-2 拟穴青蟹
(*Scylla paramamosain*)

A-3 斑节对虾
(*Penaeus monodon*)

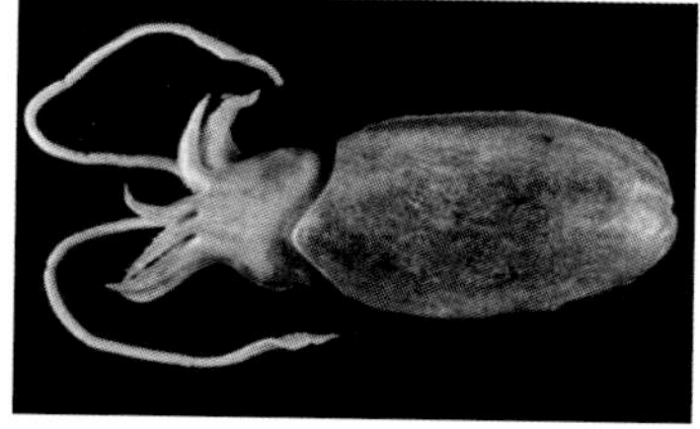

B-1 日本无针乌贼
(*Sepiella japonica*)

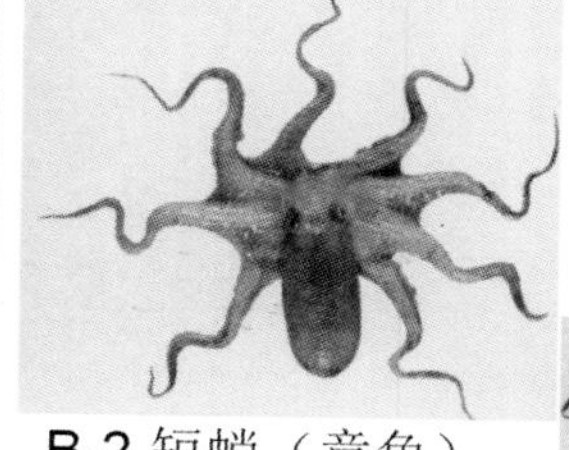

B-2 短蛸（章鱼）
(*Octopus ocellatus*)

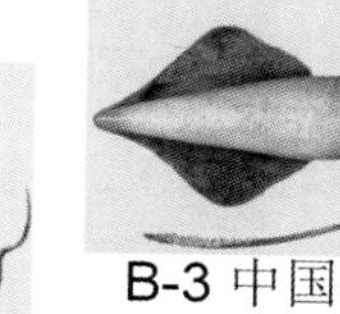

B-3 中国枪乌贼
(*Loligo chinensis*)

C 玳瑁
(*Eretmochelys imbricata*)

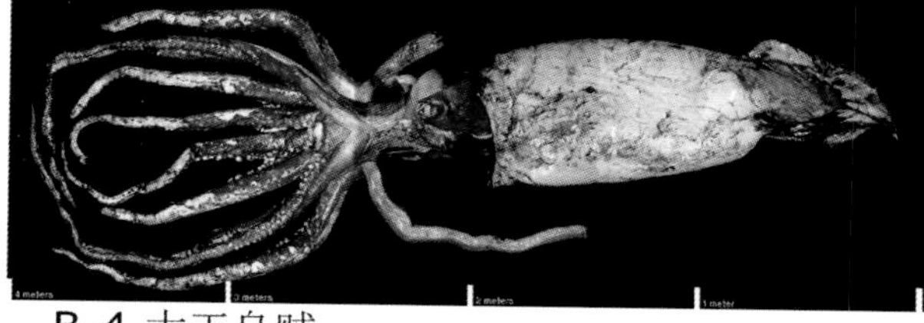

B-4 大王乌贼
(*Architeuthis dux*)

D 青环海蛇
(*Hydrophis cyanocinctus*)

E-1 蓝鲸
(*Balaenoptera musculus*)

E-2 宽吻海豚
(*Tursiops truncatus*)

E-3 鼠海豚
(*Phocoena phocoena*)

图版34　游泳动物主要代表——节肢动物门、软体动物门、脊椎动物亚门爬行纲和哺乳纲(一)

节肢动物门: A 甲壳纲(Crustacea)　软体动物门: B 头足纲(Cephalopoda)
脊椎动物门爬行纲: C 龟鳖目(Testudinata)　D 有鳞目(Squamata)
哺乳纲: E 鲸目(Cetacea)

A-1 引自 http://www.dnr.sc.gov　A-3、B-4引自http://en.wikipedia.org
A-2、B-2、C 和D引自黄宗国、林茂《中国海洋生物图集》2012.北京
B-1、E-1、E-2、E-3 引自 http://www.blueanimalbio.com

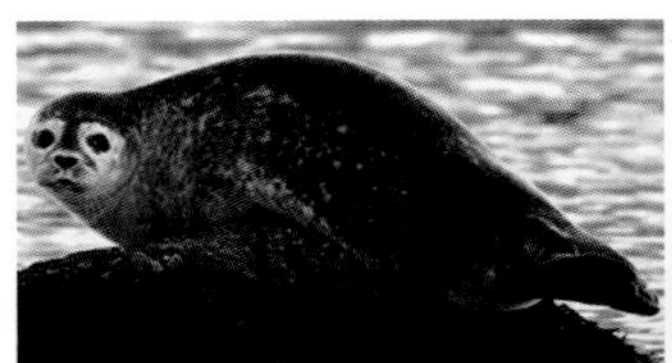

A-1 港海豹
(*Phoca vitulina*)

A-2 北海狮
(*Eumetopias jubatus*)

A-3 海象
(*Odobenus rosmarus*)

B-1 北美海牛
(*Trichechus manatus*)

B-2 儒艮
(*Dugong dugong*)

C 海獭
(*Enhydra lutris*)

D-1 普通鸬鹚
(*Phalacrocorax carbo*)

D-2 褐鹈鹕
(*Pelecanus occidentalis*)

F 白顶信天翁
(*Diomedea cauta*)

E 南极企鹅
(*Pygoscelis antarctica*)

G 剑鸻
(*Charadrius hiaticula*)

H 白鹭
(*Egretta garzetta*)

图版35 脊椎动物亚门哺乳纲(二)和鸟纲主要代表

哺乳纲: A 鳍脚目(Pinnipedia) B 海牛目(Sirenia) C 食肉目(Carnivora)

鸟纲: D 鹈形目(Pelecaniformes) E 企鹅目(Sphenisciformes)
F 鹱形目 (Procellariiformes) G 鸻形目(Charadriiformes)
H 鹳形目(Ciconiiformes)

A-1、A-2、A-3、B-2、D-1、D-2、E、F、G、H引自 http://www.blueanimalbio.com
B-1引自 http://www.ryanphotographic.com
C 引自 http://www.alaska-in-pictures.com

参考文献

1. 李鲸石. 农科拉丁文. 北京:农业出版社,1984
2. 林华清. 科技英语构词法. 上海:上海科学技术文献出版社,1992
3. 詹贤鋆. 科技英语词素. 北京:知识出版社,1985
4. 黄宗国,林茂. 中国海洋生物图集. 北京:海洋出版社,2012
5. JOHN RESECK, JR.. Marine biology. Reston Publishing Company, Inc., 1979
6. MICHAEL J. KENNISH. Practical handbook of marine science. Boca Raton, FL:CRC Press, 2001